U0197133

实验室常用术语精选
——管理、测量和统计学

吕 京 主编

科学出版社

北京

内 容 简 介

本书精选了有关管理、测量和统计学术语204个，内容分为三个部分：第一部分是管理学术语（73个）；第二部分是测量相关的术语（76个）；第三部分是统计学术语（55个）。每部分再按术语的基本属性进一步分类，每个术语条目下包括中英文名称、定义、来源和解释。

本书的读者对象包括实验室工作人员、相关专业本科生和研究生，以及相关机构的管理人员等。本书可用作高等教育的补充教材，或用作继续教育的培训教材。

图书在版编目（CIP）数据

实验室常用术语精选：管理、测量和统计学 / 吕京主编. —北京：科学出版社，2017.6

  ISBN 978-7-03-052875-9

  Ⅰ.①实… Ⅱ.①吕… Ⅲ.①实验室 – 术语 Ⅳ.① N33-61

中国版本图书馆 CIP 数据核字（2017）第 108877 号

责任编辑：罗 静 刘 晶 /责任校对：刘亚琦
责任印制：赵 博 /封面设计：刘新新

科 学 出 版 社 出版
北京东黄城根北街 16 号
邮政编码：100717
http://www.sciencep.com

中煤（北京）印务有限公司印刷
科学出版社发行 各地新华书店经销
*
2017 年 6 月第 一 版 开本：720×1000 1/16
2025 年 1 月第四次印刷 印张：6
字数：106 000
定价：68.00 元
（如有印装质量问题，我社负责调换）

本书编写人员名单

主　　编：吕　京
参编人员：陈宝荣　　傅华栋
　　　　　田燕超　　刘春龙
　　　　　胡　滨　　刘　薇

序

    我们认识客观事物是通过主观体验和语言等方式描述完成的。由于认识的局限性，人类获得的知识往往也具有局限性，只在一定的限定条件下可以形成共识。术语和定义是我们建立认知的基石，也是相互交流的基础语言。正确理解术语及其定义是学习和运用一门知识的基本要求。

    实验室工作相关人员会经常用到管理、测量、统计学等术语，但由于这些词汇大部分为外来语，加之语言翻译的问题，不可避免地造成对上述术语理解的偏差、误解或误用。例如，"确认"和"验证"的区别是什么？测量标准、标准物质、标准样品、有证标准物质、质控样品之间的关系是什么？合格评定概念下的检验、检测、认证、认可是什么？

    虽然相关的标准等文件中都对术语进行了定义，但很多术语的定义理解起来并不容易。遗憾的是，词典类书籍也很少系统地解释专业术语，当需要时，实验室工作人员难以方便地获得相关的信息。

    该书作者在合格评定领域工作多年，日常接触和应用大量关于管理、测量、统计学等领域的术语，也时常遇到问题，翻阅资料和求助于专家，十分理解实验室工作人员的需求。因此，作者决定尝试编写一本关于管理、测量和统计学领域主要术语解释的工具书。该书的编写得到了国家质检总局公益性行业科研专项"我国医学参考测量体系的建立与示范"（201210066）、国家标准制定任务等项目的支持。

    该书的术语和定义均选自国际标准和国家标准及技术规范，解释部分主要参考了原标准的注解内容，试图更通俗化地进行表达，对日常应用中问题较多的一些术语进行了重点说明，并融入了作者的思考和理解。

    作者经过近两年的时间终于完成了该书的编写，希望本书能起到"抛砖引玉"的作用，今后能有更多关于术语解释的工具书可供广大读者选择和使用。

吕 京

2017 年 5 月

前　　言

本书精选了有关管理、测量、统计学领域的 204 个术语，内容包括中英文名称、定义、来源和解释，所收录的术语及其定义的说明全面、易懂，以期为实验室工作相关人员提供一本实用的案头工具书。

本书主要引用的标准包括：ISO 9000：2015《质量管理体系 基础和术语》，ISO/IEC Guide 99：2007《国际计量学词汇 - 基础通用概念及相关术语》；JJF1001—2011《通用计量术语及定义》；ISO 15189：2012《医学实验室 质量和能力的专用要求》；ISO/IEC 17000：2004《合格评定 词汇和通用原则》；ISO/IEC 17011：2004《合格评定、认可机构通用要求》；JJF1005—2016《标准物质常用术语和定义》；ISO Guide 30：2015《标准物质 - 精选术语和定义》；ISO 17511：2003《体外诊断医疗器械 - 生物源性样品中量的测量 - 校准品和控制物质定值的计量学溯源性》；JJF1265—2010《生物计量术语及定义》；GB/T 3358.1：2009《统计学词汇及符号 第一部分：一般统计术语及用于概率的术语》，GB/T 3358.2：2009《统计学词汇及符号 第二部分：应用统计》。此外，还参考了 ISO/IEC17025：2016《（DIS）检测和校准实验室能力的通用要求》；GB 3100—1993《国际单位制及其应用》；GB3101：1993《有关量、单位和符号的一般原则》；GB/T 3358.3：2009《统计学词汇及符号 第三部分：实验设计》；ISO 15195：2003《医学检验 参考测量实验室的要求》；ISO/IEC Guide 73：2002《风险管理术语》；ISO Guide 33：2015《参考物质—良好使用规范》；ISO17034：2016《参考物质生产者能力的通用要求》；ISO Guide 80：2014《室内制备质控物质指南等标准》。

本书的读者范围包括实验室工作人员、相关专业本科生和研究生，以及相关机构的管理人员等。本书可用作高等教育的补充教材，或用作继续教育的培训教材。

在本书编写和出版过程中，我们得到了同事和很多实验室人员的大力支持和悉心指点，他们多数是一线工作人员，具有丰富的实践经验，为本书提供了大量相关素材，并提出各种修改意见，恕难一一致谢。

由于编者水平有限，对一些特定术语的理解和解释尚有主观性或误解或不透彻，本书存在不足在所难免，还望广大读者批评指正并及时向作者反馈。

编著者
2017 年 5 月

目　　录

一、管理学术语

（一）有关组织和体系的术语

1 组织 organization
定义

为实现目标，由职责、权限和相互关系构成自身职能的一个人或一组人。

来源

ISO 9000：2015，3.2.1

解释

组织包括（但不限于）代理商、公司、集团、商行、企事业单位、行政机构、合营公司、社团、慈善机构或研究机构，或上述组织的部分或组合，无论是否为法人组织，公有制或私有制均可。

组织是现代社会的基本单元，组织下可以有子组织，是人们为了某共同目的而形成的群体，组织的作用是合理分配和利用资源以确保实现目标的效率及效益。从承担法律责任的角度，管理当局可要求组织在法律上可识别，其本身或其母体组织应是法人，且开展的活动符合法律的规定。

2 相关方 interested party（stakeholder）
定义

可影响决策或活动、被决策或活动所影响，或自认为被决策或活动影响的个人或组织。

来源

ISO 9000：2015，3.2.3

解释

相关方为顾客、所有者、组织内的人员、供方、银行、监管者、工会、合作伙伴，以及包括竞争对手或反压力集团的社会群体。在管理中，相关方是个重要的要素，主要涉及利益均衡、不正当竞争、公正性等，其可能影响组织或个人的决策。

3 供方 provider（supplier）
定义

提供产品或服务的组织。

来源

ISO 9000：2015，3.2.4

解释

产品或服务的制造商、批发商、零售商或商户。供方可以是组织内部的或组织以外的。在合同情况下，供方有时称为"承包方"。

4 计量职能 metrological function
定义

组织中负责确定和实施测量管理体系的行政职能和技术职能。

来源

ISO 9000：2015，3.2.9

解释

测量管理体系的核心内容是计量管理，计量职能包括行政职能和技术职能，工作目标是保证：

（1）确定顾客的测量要求并转化为计量要求；

（2）测量管理体系满足顾客的计量要求；

（3）能证明符合顾客规定的要求。

5 医学实验室 medical laboratory（临床实验室 clinical laboratory）
定义

以提供人类疾病诊断、管理、预防和治疗或健康评估的相关信息为目的，对来自人体的材料进行生物学、微生物学、免疫学、化学、血液免疫学、血液学、生物物理学、细胞学、病理学、遗传学或其他检验的实验室，该类实验室也可提供涵盖其各方面活动的咨询服务，包括结果解释和进一步的适当检查的建议。

来源

ISO 15189：2012，3.11

解释

医学实验室主要指医院的检验科和独立医学实验室，也包括疾病预防与控制、健康体检、职业卫生等机构的检验实验室。在医学领域，检验一词对应的英文为"examination"，相当于检测活动。

6 受委托实验室 referral laboratory
定义

样本被送检的外部实验室。

来源

ISO 15189：2012，3.23

解释

受委托实验室是外部的实验室，委托方通常为会诊、对部分特殊检验或某些原因导致无法实施常规检验时转送样本或分样本委托其检验。组织或法规要求送检的实验室，如公共卫生、法医等机构的实验室，不属于受委托实验室。

7 实验室主任 laboratory director

定义

对实验室负有责任并拥有权力的一人或多人。

来源

ISO 15189：2012，3.9

解释

实验室主任可以是一人或是多人，也可以是其他称谓。除组织的内部规定外，国家、地区和地方法规对实验室主任的资质及培训要求适用。

8 实验室管理层 laboratory management

定义

指导和管理实验室活动的一人或多人。

来源

ISO 15189：2012，3.10

解释

"实验室管理"和"实验室管理层"的英文相同，应注意区分。实验室管理层是协助实验室主任管理实验室的领导层。

9 管理体系 management system

定义

组织建立方针和目标，以及实现这些目标的过程中相互关联或相互作用的一组要素。

来源

ISO 9000：2015，3.5.3

解释

体系是相互关联或相互作用的一组要素。一个管理体系可以针对单一的领域或几个领域，如质量管理、财务管理或环境管理。管理体系要素规定了组织的结构、岗位、职责、策划、运行、方针、惯例、规则、理念、目标，以及实现这些目标的过程。管理体系的范围可能包括整个组织，组织中可被明确识别的职能或可被明确识别的部门，以及跨组织的单一职能或多职能的团队。

10 质量管理体系 quality management system

定义

管理体系中关于质量的部分。

来源

ISO 9000：2015，3.5.4

解释

本术语是基于质量管理体系和管理体系之间关系定义的。管理学术语可能用于多个标准，为了应用的目的，其在不同标准中定义的表述可能不同。例如，ISO 15189：2012 对质量管理体系的定义是"在质量方面指挥和控制组织的管理体系"，并进一步说明该定义是根据 ISO 9000：2005 改写的。

11 质量指标 quality indicator

定义

一组固有特性满足要求的程度度量。

来源

ISO 15189：2012，3.19

解释

质量的测量指标可表示为百分数（包括合格的百分数或缺陷的百分数）、百万分之缺陷数（DPMO）或六西格玛标度等。质量指标可用于测量一个机构满足用户需求的程度和操作过程的质量，例如，若"要求"实验室接收的所有尿液样本不能受污染，则收到的被污染尿液的百分数可作为采尿样过程质量的度量。

12 测量管理体系 measurement management system

定义

为完成计量确认并持续控制测量过程所必需的一组相互关联或相互作用的要素。

来源

ISO 9000：2015，3.5.7

解释

测量管理体系主要是要求企业/组织应基于产品要求导出计量要求，并确保所规定的计量要求得到满足，控制要点是测量设备和测量过程，具体的要求可表示为最大允许误差、允许不确定度、测量范围、稳定性、分辨力、环境条件或操作者技能要求等。例如，为了生产某标准物质，要求该标准物质的参考值 10.0mg，不确定度 < 1.0%，则应进行计量确认，评估其所有涉及的测量设备的计量学性能应达到什么水平，才能满足生产该规格标准物质的要求。测量管理体

系的核心要素是计量确认和测量过程控制，见图 1。在 ISO/IEC 17025 中也有计量溯源的要求，ISO 10012 在"范围"内明确"本标准不拟替代或增加 ISO/IEC 17025 标准的要求"。遵从该标准的要求有利于满足其他标准中规定的测量和测量过程控制的要求。

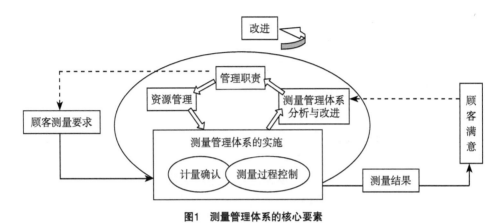

图1 测量管理体系的核心要素

13 质量方针 quality policy

定义

关于质量的方针。

来源

ISO 9000：2015，3.5.9

解释

方针（policy）是由最高管理者正式发布的组织宗旨和方向。不能把方针看成是一个抽象的概念或口号，最高管理者应制定、实施和保持质量方针，质量管理原则可以作为制定质量方针的基础，质量方针应：

（1）适应组织的宗旨和环境并支持其战略方向；

（2）为建立质量目标提供框架；

（3）包括对满足适用要求的承诺；

（4）包括对持续改进质量管理体系的承诺；

（5）作为形成文件的信息，可获得并保持；

（6）在组织内得到沟通、理解和应用；

（7）适宜时，可为相关方所获取。

14 质量目标 quality objective

定义

与质量有关的目标。

来源

　　ISO 9000；2015，3.7.2

解释

　　质量目标通常依据组织的质量方针制定，一般应按对组织内的相关职能、层级和过程分别规定质量目标。

15　战略　strategy

定义

　　实现长期或总目标的计划。

来源

　　ISO 9000：2015，5.12

解释

　　"战略"一词最早源于军事，现在已经广泛用于各领域、行业、项目等。战略是全局性、长期的谋划和策略。

16　客体　object（entity，item）

定义

　　可感知或可想象到的任何事物。

来源

　　ISO 9000：2015，3.6.1

解释

　　"客体"示例：产品、服务、过程、人员、组织、体系、资源等。客体可能是物质的，如一台发动机、一张纸、一颗钻石；也可以是非物质的，如转换率、一个项目计划；也可以是想象的，如组织未来的状态。

17　顾客　customer

定义

　　能够或实际接受为其提供的，或应其要求提供的产品或服务的个人或组织。

来源

　　ISO 9000：2015，3.2.4

解释

　　顾客可能包括：消费者、委托人、最终使用者、零售商、内部过程的产品或服务的接收人、受益者和采购方。顾客可以是组织内部的或外部的。在有些标准中，顾客也用"客户"一词。

18 顾客满意 customer satisfaction

定义

顾客对其期望已被满足程度的感受。

来源

ISO 9000：2015，3.9.2

解释

在产品或服务交付之前，组织有可能不知道顾客的期望，甚至顾客自己也不能确定。为了实现较高的顾客满意度，可能有必要满足那些顾客既没有明示，又不是通常隐含或必须履行的期望。投诉是一种对满意程度低的最常见的表达方式，但没有投诉并不一定表明顾客很满意。即使符合顾客的期望并符合规定的要求，也不一定保证顾客很满意。

19 投诉 complaint

定义

就其产品、服务或投诉处理过程，向组织表达的不满，无论是否明确地期望得到答复或解决问题。

来源

ISO 9000：2015，3.9.3

解释

建立了管理体系的机构均会有专门负责投诉处理的部门或人员和管理程序。投诉主要是指客户向组织提出的不满意。

20 顾客服务 customer service

定义

在产品或服务的整个寿命周期内，组织与顾客之间的互动。

来源

ISO 10002：2014，3.5

解释

顾客服务是组织管理的核心要素，包括组织与顾客的所有界面。除涉及的现实顾客外，可能还有潜在顾客、预期服务等。顾客体验和满意度具有个性化及主观特性。

（二）有关活动和过程的术语

21 改进 improvement

定义

提高绩效的活动。

来源

ISO 9000：2015，3.3.1

解释

改进活动可以是循环的也可以是一次性的。改进的需求可来源于组织本身，也可来源于满足外部相关方的需求或要求，提高绩效是一个组织持续的追求。

22 持续改进 continual improvement

定义

提高绩效的循环活动。

来源

ISO 9000：2015，3.3.2

解释

持续改进为改进制定目标和寻找机会的过程，是一个通过利用审核发现和审核结论、数据分析、管理评审或其他方法的持续过程，通常会导致纠正措施或预防措施。

23 管理 management

定义

指挥和控制组织的协调活动。

来源

ISO 9000：2015，3.3.3

解释

管理可包括制定方针和目标，以及实现这些目标的过程。management 有时指人，即管理者或管理层，使用时应注意区分。

24 质量 quality

定义

客体的一组固有特性对要求的满足程度。

来源

ISO 9000：2015，3.6.2

解释

术语"质量"可使用形容词，如差、好或优秀来修饰。质量是针对"固有的"（inherent，其反义是"assigned"）特性，"固有的"意味着存在于客体内。例如，一把尺子的长短是固有特性，尺子的价格是"赋予的"特性，不是质量特性。

25 质量特性 quality characteristic

定义

与要求有关的，客体的固有特性。

来源

ISO 9000：2015，3.10.2

解释

固有意味着存在其中的，尤其是那种永久的特性。赋予客体的特性（如物品的价格）不是它们的质量特性。

26 质量管理 quality management

定义

关于质量的管理。

来源

ISO 9000：2015，3.3.4

解释

质量管理可包括制定质量方针和质量目标，以及通过质量策划、质量保证、质量控制、和质量改进实现这些质量目标的过程。

27 质量策划 quality planning

定义

质量管理的一部分，致力于制定质量目标并规定必要的运行过程和相关资源以实现质量目标。

来源

ISO 9000：2015，3.3.5

解释

质量策划的重要任务之一是编制质量计划（quality plan），即针对某事项和质量目标，规定必要的运行程序（做什么、如何做、何时做、由谁做），安排相关的资源，形成规范性文件——质量计划。

28 质量保证 quality assurance

定义

质量管理的一部分，致力于为质量要求会得到满足而提供信任。

来源

ISO 9000：2015，3.3.6

解释

参见"质量控制"的解释。

29 质量控制 quality control

定义

质量管理的一部分，致力于满足质量要求。

来源

ISO 9000：2015，3.3.7

解释

质量控制（QC）和质量保证（QA）是质量管理（QM）下的两个不同概念，常易混淆。QC 是从做的角度，从质量策划开始，关注和控制活动过程中的任何细节，发现问题并解决问题，以使产品、服务、测量等满足质量要求。QA 则是从系统角度，关注在现行的管理模式和 QC 下是否做得足够好、预期的结果是否真的可以满足质量要求、可信程度如何、证据是什么等。依靠在 QA 监视下的过程，能够前瞻性地从系统上保障预期结果，具有良好 QA 管理的组织，容易获得更多的信任。在一些预期结果缺乏验证手段的领域，如 GLP（good laboratory practice）实验室，则要求设置独立于实验人员的质量保证部门（QAU）。

在检测和校准实验室，新版 ISO/IEC 17025：2016（DIS）的 7.8 条款专门针对"保证结果的质量"，其主要方式是日常监视（regularly monitoring）检测活动的有效性及输出（结果）的质量，并对监视数据定期统计、分析趋势和评审，技术手段包括使用标物、室内比对、室间比对、能力验证、盲样测试、设备核查、方法比对、样本比对、留样再测、相关性分析等。

QA、QC 是不同的工作，都不能忽视。

30 质量改进 quality improvement

定义

质量管理的一部分，致力于增强满足质量要求的能力。

来源

ISO 9000：2015，3.3.8

解释

质量要求可以是有关任何方面的，如有效性、效率、程度或可追溯性等。

31 要求 requirement

定义

明示的、通常隐含的或必须履行的需求或期望。

来源

ISO 9000：2015，3.6.4

解释

"通常隐含"是指组织和相关方的惯例或一般做法，所考虑的需求或期望是不言而喻的。规定要求是经明示的要求，如在形成文件的信息中阐明。特定要求可使用限定词表示，如产品要求、质量管理要求、顾客要求、质量要求、法律法规要求等。要求可由不同的相关方或组织自己提出。为实现较高的顾客满意，可能有必要满足那些顾客既没有明示，也不是通常隐含或必须履行的期望。

32 不合格（不符合）nonconformity

定义

未满足要求。

来源

ISO 9000：2015，3.6.9；ISO 15189：2012，3.12

解释

不合格是合格的反义词。合格（符合，conformity）的定义是"满足要求"。"conformance"一词与本词是同义的，但不赞成使用。"compliance"也是同义的，但不赞成使用，该词通常用于"合规性"。

33 能力 capability

定义

客体实现满足要求的输出的本领。

来源

ISO 9000：2015，3.6.12

解释

应注意 capability 与另外一个术语 competence（能力，ISO 9000：2015，3.10.4）的区别。competence 是指应用知识和技能实现预期结果的本领，经证实的能力有时是指资格。capability 更接近于中文的"实力"，不限于人力因素，是客体的整体实力；而 competence 主要强调胜任某项活动的能力。

34 可追溯性 traceability

定义

追溯客体的历史、应用情况或所处位置的能力。

来源

ISO 9000：2015，3.6.13

解释

当考虑产品或服务时，可追溯性涉及原材料和零部件的来源、加工的历史、产品或服务交付后的分布和所处位置。可追溯性与计量学领域的定义"溯源性"不同，"溯源性"采用 ISO/IEC 指南 99 中的定义。

35 预防措施 preventive action

定义

为消除潜在不合格或其他潜在不期望情况的原因所采取的措施。

来源

ISO 9000：2015，3.12.1

解释

一个潜在不合格可以有若干个原因。采取预防措施是为了防止发生，而采取纠正措施是为了防止再发生。适宜的预防措施应建立在风险分析的基础上。

36 纠正措施 corrective action

定义

为消除不合格的原因并防止再发生所采取的措施。

来源

ISO 9000：2015，3.12.2

解释

纠正措施是针对消除不合格的原因并防止再发生所采取的措施，通常是系统性的、综合的，应建立在原因分析和风险评估的基础上。对于某些"不合格"可能难以找到原因，此时，不宜盲目采取纠正措施。

37 纠正 correction

定义

为消除已发现的不合格所采取的措施。

来源

ISO 9000：2015，3.12.3

解释

纠正是对"不合格"的纠正，如返工或降级。纠正可与纠正措施一起实施，或在其之前或之后实施。对于可能导致严重后果的"不合格"，如发出错误的检验报告等，应立即纠正并查找原因，同时应评估是否需要采取纠正措施。

38 偏离许可 deviation permit

定义

产品或服务实现前，对偏离原规定要求的许可。

来源

ISO 9000：2015，3.12.6

解释

偏离许可通常是在限定的产品和服务数量或期限内并针对特定的用途。

39 过程　process
定义

利用输入实现预期结果的相互关联或相互作用的一组活动。

来源

ISO 9000：2015，3.4.1

解释

过程的"预期结果"也即输出，也可具体为产品或服务。在 ISO 15189 中，过程的定义是：将输入转化为输出的相互关联或相互作用的一组活动。一个过程的输入通常是其他过程的输出，而一个过程的输出又通常是其他过程的输入；两个或两个以上相互关联和相互作用的连续过程也可作为一个过程。组织中的过程通常在受控条件下进行策划和执行，以增加价值。不易或不能经济地确认其输出是否合格的过程，通常称之为"特殊过程"。

很多的管理工具和标准是基于过程的，如新版 ISO/IEC 17025：2016（DIS）的第 7 章是"过程要求"，因此，正确理解、识别和规定过程是管理的基础工作。

40 过程控制　process control
定义

着重于满足过程要求的过程管理。

来源

GB/T 3358.2—2009，2.1.6

解释

过程控制是一项重要的管理方法，目的是使过程向设定的方向运行以保证获得预期结果。

41 过程改进　process improvement
定义

着重于减少变异、提高过程的有效性和效率的过程管理。

来源

GB/T 3358.2—2009，2.1.7

解释

有效性是完成策划活动的程度和达到策划结果的程度；效率是达到的结果与使用的资源之间的关系。

42 统计过程控制　statistical process control
定义

着重于用统计方法减少过程变异、增进对过程的认识，使过程以所期望的方式运行的活动。

来源

GB/T 3358.2—2009，2.1.8

解释

基于统计方法的过程控制，例如，通过统计模型和数据对过程的运行方向进行预测。

43 统计过程管理 statistical process management

定义

用统计方法进行过程策划、过程控制和过程改进的过程管理。

来源

GB/T 3358.2—2009，2.1.4

解释

基于统计方法的过程管理可能提供更精准的信息和措施。

44 项目 project

定义

由一组有起止日期的、相互协调的受控活动组成的独特过程，该过程要达到符合包括时间、成本和资源等约束条件在内的规定要求的目标。

来源

ISO 9000：2015，3.4.2

解释

单个项目可作为一个较大项目结构中的组成部分，通常规定开始和结束日期。在一些项目中，随着项目的进展，目标和范围被更新，产品或服务特性被逐步确定。项目的输出可以是一个或几个产品或服务单元。项目组织通常是临时的，是根据项目的生命期而建立的。项目活动之间相互作用的复杂性与项目规模没有必然的联系。

针对项目管理，活动（activity，ISO 9000：2015，3.3.11）是在项目中识别出的最小的工作项。注意与 programme 的区别。

45 程序 procedure

定义

为进行某项活动或过程所规定的途径。

来源

ISO 9000：2015，3.4.5

解释

程序通常是指操作程序、标准操作程序（SOP）等，也称作业指导书，可以形成文件，也可以不形成文件。按相同的程序操作是结果可重复性的基本保证，也是在不同时间、地点所得结果之间可比性的基本保证。有些检验方法标准可以直接作为 SOP 用。应注意 procedure（程序）、process（过程）、project（项目）、program（方案）和 plan（计划）之间的区别。program 常用作（计算机）程序、项目、方案（如审核方案 audit program，ISO 9000：2015，3.13.4）等，是特定时间内目的明确的一组安排，强调步骤、顺序、时限等。plan 是针对一项工作的任务分解文件（时间表），通常相关的活动和安排已经明确，一般，是从"目标"→"方案"→"计划"，"方案"和"计划"并无属种关系。

在中文中，计划也有规划的含义，方案有时也译为计划（如 an education programme for students）或项目（注意与 project 相区别）。

46 外包 outsource
定义

安排外部组织执行组织的部分职能或过程。

来源

ISO 9000：2015，3.4.6

解释

虽然外包的职能或过程是在组织的管理体系覆盖范围内，但是外部组织是处在覆盖范围之外。

（三）有关结果的术语

47 目标 objective
定义

要实现的结果。

来源

ISO 9000：2015，3.7.1

解释

目标可以是战略的、战术的或操作层面的；可以涉及不同的领域（如财务的、职业健康与安全的和环境的），并可应用于不同的层次（如战略的、组织整体的、项目的、产品和过程的）；可以采用其他的方式表述目标，如采用预期的结果、活动的目的或操作规程作为质量目标，或使用其他有类似含意的词（如目的、终点或指标）；组织制定的质量管理体系的质量目标应与质量方针保持一致，以实现特定的结果。

48 输出 output
定义

过程的结果。

来源

ISO 9000：2015，3.7.5

解释

在管理学领域，输出通常涉及产品或服务。产品的主要特征可以是有形的，也可以是无形的，如知识。

49 服务 service
定义

至少有一项活动必需在组织和顾客之间进行的组织的输出。

来源

ISO 9000：2015，3.7.7

解释

服务的主要特征是无形的，由顾客体验。通常，服务包含与顾客在接触面的活动，除了确定顾客的要求及提供服务外，可能还包括建立持续的关系，如银行、学校或医院。服务既可以针对有形产品提供（如维修），也可以针对无形产品提供（如提供知识相关的信息）。

50 绩效 performance
定义

可测量的结果。

来源

ISO 9000：2015，3.7.8

解释

绩效可能涉及定量的或定性的结果，常与活动、过程、产品、服务、体系或组织的管理相关联。

51 风险 risk
定义

不确定性的影响。

来源

ISO 9000：2015，3.7.9

解释

ISO 9000 对风险定义的通用性最广，其对影响的解释是偏离预期，可以是正面的，也可以是负面的。不确定性是一种对某个事件，甚至是局部的结果或可能性缺乏理解或知识等方面信息的状态。风险通常用发生的可能性和后果表征，在安全领域，风险一般仅指负面结果的可能性。

在日益复杂的动态环境中持续满足要求，并针对未来需求和期望采取适当行动，这无疑是组织面临的一项挑战。为了实现这一目标，组织可能会发现，除了纠正和持续改进，还有必要采取其他行动，如突破性变革、创新和重组等。基于风险的思维使组织能够确定可能导致其过程和质量管理体系偏离策划结果的各种因素，采取预防控制，最大限度地降低不利影响，并最大限度地利用出现的机遇。现代管理更强调基于风险的管理理念，因而也要求组织更深刻地理解和更灵活地运用管理工具。

52 效率 efficiency

定义

得到的结果与所使用的资源之间的关系。

来源

ISO 9000：2015，3.7.10

解释

达到同样的效果，所用的资源越少效率越高。

53 有效性 effectiveness

定义

完成策划的活动并得到策划结果的程度。

来源

ISO 9000：2015，3.7.11

解释

有效性是指一项活动目标的实现程度。有效性可能包括了若干期望结果的实现程度，但评价有效性时可能仅关注一项或其中几项。

（四）有关证据和文件的术语

54 数据 data

定义

关于客体的事实。

来源

ISO 9000：2015，3.8.1

解释

本术语中的客体是指可感知或可想象到的任何事物，包括物质的、非物质的或想象的（见术语"客体"）。事实通常指存在的或可被证明的。

55 信息 information

定义

有意义的数据。

来源

ISO 9000：2015，3.8.2

解释

从应用的角度，有意义的数据构成信息。

56 客观证据 objective evidence

定义

支持某事物存在或真实性的数据。

来源

ISO 9000：2015，3.8.3

解释

客观证据可通过观察、测量、试验或其他方法获得。在管理领域，用于审核目的的客观证据，由与审核准则相关的记录、事实陈述或其他信息所组成并可验证。

57 信息系统 information system

定义

组织内部使用的通信网络。

来源

ISO 9000：2015，3.8.4

解释

信息系统一般由计算机硬件和软件、网络和通信设备、信息资源、要求、机-机交互、人-机交互等组成的系统。

58 文件 document

定义

信息及其载体。

来源

    ISO 9000：2015，3.8.5

解释

    文件示例：记录、规范、程序文件、图样、报告、标准等。载体可以是纸张、磁盘、光盘、照片或标准样品等，或它们的组合。相关的一个用语是"文件化"，即形成文件，没有信息的载体不是文件，没有转移到载体的信息也不是文件。

59 规范 specification

定义

    阐明要求的文件。

来源

    ISO 9000：2015，3.8.7

解释

    规范即规范类文件的通称，如质量手册、质量计划、技术图纸、程序文件、作业指导书等。规范可能与活动有关（如程序文件、过程规范和试验规范、标准操作程序）或与产品有关（如产品规范）。

60 质量手册 quality manual

定义

    组织质量管理体系的规范。

来源

    ISO 9000：2015，3.8.8

解释

    为了适应组织的规模和复杂程度，质量手册在其详略程度和编排格式方面可以不同。

61 记录 record

定义

    阐明所取得的结果或提供所完成活动的证据文件。

来源

    ISO 9000：2015，3.8.10

解释

    记录可用于正式的可追溯性活动，并为验证、预防措施和纠正措施提供证据。通常，记录不需要控制版本。

（五）有关审核的术语

62 审核 audit
定义

为获得客观证据并对其进行客观的评价，以确定满足审核准则的程度所进行的系统的、独立的并形成文件的过程。

来源

ISO 9000：2015，3.13.1

解释

审核的基本要素包括：由对被审核客体不承担责任的人员，按照程序对客体是否合格的测定。审核可以是内部（第一方）审核，或外部（第二方或第三方）审核，也可以是多体系审核或联合审核。内部审核，有时称为第一方审核，由组织自己或以组织的名义进行，用于管理评审和其他内部目的，可作为组织自我合格声明的基础。审核可以由与正在被审核的活动无责任关系的人员进行，以证实独立性。通常，外部审核包括第二方和第三方审核。第二方审核由组织的相关方，如顾客或由其他人员以相关方的名义进行。第三方审核由外部独立的审核组织进行，如提供合格认证/注册的组织或政府机构等。

63 多体系审核 combined audit
定义

在一个受审核方，对两个或两个以上管理体系一起做的审核。

来源

ISO 9000：2015，3.13.2

解释

被包含在多体系审核中的管理体系的一部分，可通过组织应用的相关管理体系标准、产品标准、服务标准或过程标准来加以识别。

64 联合审核 joint audit
定义

在一个受审核方，由两个或两个以上审核组织所做的审核。

来源

ISO 9000：2015，3.13.3

解释

不同于多体系审核，是由两个或多个审核组织联合进行的审核。

65 审核方案 audit programme

定义

针对特定时间段及特定目标所策划的一组（一项或多项）审核。

来源

ISO 9000：2015，3.13.4

解释

审核方案是针对审核任务/目的所策划的审核安排，组织应依据有关过程的重要性、对组织产生影响的变化和以往的审核结果，策划、制定、实施和保持审核方案。审核方案包括频次、方法、职责、策划要求和报告。注意与审核计划的区别。

66 审核范围 audit scope

定义

审核的内容和界限。

来源

ISO 9000：2015，3.13.5

解释

审核范围通常包括对物理位置、组织的部门、活动和过程的描述。

67 审核计划 audit plan

定义

对一项审核活动和安排的描述。

来源

ISO 9000：2015，3.13.6

解释

计划是针对一项工作的任务分解文件，通常相关的活动和安排已经明确，应注意与方案（programme）的区别。

68 审核准则 audit criteria

定义

用于与客观证据进行比较的一组方针、程序或要求。

来源

ISO 9000：2015，3.13.7

解释

审核是符合性评价，准则是评价的依据，通常体现为核查表。

69 审核发现 audit findings
定义

将收集的审核证据对照审核准则进行评价的结果。

来源

ISO 9000：2015，3.13.9

解释

审核发现表明符合或不符合。审核发现可导致识别改进的机会或记录良好实践。在英语中，如果审核准则选自法律要求或法规要求，审核发现可被称为合规（compliance）或不合规（non-compliance）。

（六）有关认可的术语

70 认可 accreditation
定义 1

正式表明合格评定机构具备实施特定合格评定工作能力的第三方证明。

来源

ISO/IEC 17011：2004，3.1

定义 2

权威机构对一个组织有能力执行特定工作给出正式承认的过程。

来源

ISO 15189：2012，3.1

解释

认可是认可机构对合格评定机构完成特定能力的承认，认可的作用是"证实能力，传递信任"，认可的显著特征是权威性和国际性。认可的权威性通常源自于政府的授权和采信；认可的国际性来源于国际认可合作组织框架下的多边互认机制。认可机构有自己的徽标（accreditation body logo），对所确定的合格评定机构的能力范围通过认可证书（accreditation certificate）和相关文件予以承认。获得认可的合格评定机构可以使用认可机构颁发的认可标识（accreditation symbol）。

71 评审 assessment
定义

认可机构依据特定标准和（或）其他规范性文件，在确定的认可范围内，对合格评定机构的能力进行评价的过程。

来源

ISO/IEC 17011：2004，3.7

解释

对合格评定机构能力的评审是对合格评定机构整体运作能力的评审，包括对人员能力、合格评定方法的有效性和合格评定结果的有效性等进行评审。assessment 和 review 在一些标准中均被翻译为"评审"（见本书术语 90），应注意其区别。assessement 常用于专业评估，评估结果与能力、价值、级别等关联，如风险评估（risk assessment）。

72 合格评定机构 conformity assessment body（CAB）

定义

提供合格评定服务并可作为认可对象的机构。

来源

ISO/IEC 17011：2004，3.10

解释

合格评定包括检验、检测、校准、认证、认可等活动，但在国际上，合格评定机构的概念只针对"提供合格评定服务并可作为认可对象的机构"。因此，认可机构不在合格评定机构范围内。

73 监督 surveillance

定义

除复评外，监视已认可的合格评定机构持续满足认可要求的一组活动。

来源

ISO/IEC 17011：2004，3.18

解释

监督包括现场监督评审和其他监督活动，例如，就与认可有关的事宜询问合格评定机构；审查合格评定机构就认可覆盖的范围所做的声明；要求合格评定机构提供文件和记录（如审核报告、用于验证合格评定机构服务有效性的内部质量控制结果、投诉记录、管理评审记录）；监视合格评定机构的表现（如参加能力验证的结果）等。

二、测量相关的术语

（七）有关量的术语

74 量 quantity
定义

现象、物体或物质的特性，其大小可用一个数和一个参照对象表示。

来源

ISO/IEC Guide 99：2007，2.1.1

解释

量是定量表征的现象、物体或物质的特性，量值是用一个数和一个参照对象表示的量的大小。量从概念上一般可分为诸如物理量、化学量和生物量，或分为基本量和导出量。与量相关的主要术语包括基本量、导出量、国际量制、量纲、量值等，更多的相关术语参见 ISO/IEC Guide 99 和 GB3100、GB3101、GB3102系列标准。参照对象可以是一个测量单位、一个测量程序、一种参考物质或其组合。量的符号用斜体表示，单位符号用正体表示，一个给定符号可表示不同的量。

检验医学领域量的名称首选国际理论与应用物理联合会（IUPAC）/ 国际临床化学联合会（IFCC）规定的格式，即"系统—成分；量的类型"。例如，血浆（血液）—钠离子；特定人在特定时间内物质的量浓度等于143mmol/L。

75 量的类型 kind of quantity（类型 kind）
定义

具有相互可比性量的共性。

来源

ISO/IEC Guide 99：2007，2.1.2

解释

例如，直径和波长属于同类型的量——长度。在一个给定量制中，同类型的量具有相同的量纲，然而，相同量纲的量不一定是同类型的量，例如，力矩和能量的量纲相同，但不认为是同类量。按类型划分量具有一定的主观性。

76 基本量 base quantity

定义

在给定量制中约定选取的一组不能用其他量表示的量。

来源

ISO/IEC Guide 99：2007，2.1.4

解释

基本量可认为是相互独立的量，因其不能表示为其他基本量的幂的乘积。实体的数量在任何量制中都可被视为基本量。在国际量制（ISQ）中包括7个基本量。

77 导出量 derived quantity

定义

量制中由基本量定义的量。

来源

ISO/IEC Guide 99：2007，2.1.5

解释

例如，在以长度和质量为基本量的量制中，质量密度为导出量，定义为质量除以体积（长度的三次方）所得的商。

78 国际量制 International System of Quantities（ISQ）

定义

以长度、质量、时间、电流、热力学温度、物质的量和发光强度7个基本量为基础的量制。

来源

ISO/IEC Guide 99：2007，2.1.6

解释

量制是彼此间由非矛盾方程联系起来的一组量。国际量制（ISQ）是国际单位制（SI）的基础。

79 量纲 quantity dimension，dimension of a quantity

定义

给定量与量制中各基本量的一种依从关系，它用去掉所有数字因子后，相关基本量因子的幂的乘积表示。

来源

ISO/IEC Guide 99：2007，2.1.7

解释

在国际量制（ISQ）中，基本量的量纲符号见表1。

表 1　基本量和量纲符号

基本量	量纲符号	基本量	量纲符号
长度	L	热力学温度	Θ
质量	M	物质的量	N
时间	T	发光强度	J
电流	I		

任意量 Q 的量纲为 dim $Q=L^{\alpha}M^{\beta}T^{\gamma}I^{\delta}\Theta^{\varepsilon}N^{\zeta}J^{\eta}$，其中的指数称为量纲指数，可以是正数、负数或零。

量纲是表征量的性质（类型），如时间、长度、质量等；单位是表征量大小或数量的标准，如 s、m、kg 等。例如，速度（$v=\mathrm{d}s/\mathrm{d}t$）的量纲为 LT^{-1}，速度的单位为 m/s。

量可以按照其属性分为两类：一类量的大小与度量时所选用的单位有关，称为有量纲量，如常见的长度、时间、质量、速度、加速度、力、动能、功等；另一类量的大小与度量时所选用的单位无关，称为无量纲量（dimensionless quantity）或量纲为一的量（quantity of dimension one），如角度、两个长度之比、两个时间之比等。

"无量纲量"不是真的无量纲的量，而是量纲为一的量，在其量纲表达式中，与基本量相对应的因子的指数均为零的量。

80　量值　quantity value
定义

表示量的大小的数和参照对象。

来源

ISO/IEC Guide 99：2007，2.1.19

解释

根据参照对象的类型，量值可表示为：一个数和一个测量单位的乘积（如 -5℃），或一个数和一种参考物质（例如，某血浆样本中促黄体素的浓度 5.0IU/L，以 WHO 国际标准 80/552 用作校准品，IU 是 WHO 国际单位），或一个数和一个作为参照对象的测量程序（如某样品的洛氏 C 标尺硬度 43.5HRC）；一个量值可用多种方式表示（如浓度 1.760mol/L 或 1760mmol/L）；对于量纲为一的量，测量单位为 1，通常不写（如透射率 0.95，样品数量 5）。

81　序量　ordinal quantity
定义

由约定测量程序定义的量，该量与同类的其他量可按大小排序，但这些量之间无代数运算关系。
来源

　　ISO/IEC Guide 99：2007，2.1.26
解释

　　序量按序量值标尺排序，序量值标尺可根据测量程序通过测量建立。序量只能写入经验关系式，它不具有测量单位或量纲，序量的差和比值没有物理意义。例如，腹痛的主观级别，从0到5级。

82 名称特性　nominal property
定义

　　不以大小区分的现象、物体或物质的特性。
来源

　　ISO/IEC Guide 99：2007，2.1.30
解释

　　例如，人的性别、化学中斑点测试的颜色、ISO两个字母的国家代码、在多肽中氨基酸的序列等，可用文字、字母代码或其他方式表示。在检测中，也常将确定序量、名称特性的试验称为定性试验。

83 约定参考标尺　conventional reference scale
定义

　　由正式协议规定的量-值标尺。
来源

　　ISO/IEC Guide 99：2007，2.1.29
解释

　　约定参考标尺是针对某种特定量，约定的一组有序的、连续或离散的量值用作该种量按大小排序的参照。例如，硬度标尺、pH标尺、里氏地震标尺等。

（八）有关单位的术语

84 测量单位　measurement unit，unit of measurement
定义

　　根据约定定义和采用的标量，任何其他同类量可与其比较，使两个量之比用一个数表示。
来源

　　ISO/IEC Guide 99：2007，2.1.9

解释

关于测量单位的相关术语主要包括基本单位、导出单位、国际单位制等，更多的相关术语参见 ISO/IEC Guide 99。本术语与术语"量"密切相关，测量单位用约定赋予的名称和符号表示，例如，基本量"长度"的基本单位是"千克（公斤）"，符号是"kg"。虽然不是同类量，同量纲量的测量单位也可用相同的名称和符号表示，例如，焦耳每开尔文和 J/K 既是热容量的单位名称和符号，也是熵的单位名称和符号。在某些情况下，具有专门名称的测量单位仅限用于特定类型的量。例如，测量单位"秒的负一次方"（1/s）用于频率时称为赫兹（Hz），用于放射性核素的活度时称为贝克（Bq）。量纲为一的量的测量单位是数。通常，这些测量单位有专门名称，如弧度、球面度和分贝等；或表示为"商"，如毫摩尔每摩尔等于 10^{-3}，微克每千克等于 10^{-9}。

85 基本单位 base unit

定义

对于基本量，约定采用的测量单位。

来源

ISO/IEC Guide 99：2007，2.1.10

解释

在每个一贯单位制中，每个基本量只有一个基本单位。例如，在国际单位制（SI）中，米是长度的基本单位；在厘米克秒（CGS）单位制中，厘米是长度的基本单位。对于实体的数目，数目为一，符号为 1，可认为是任意一个单位制中的基本单位。

86 导出单位 derived unit

定义

导出量的测量单位。

来源

ISO/IEC Guide 99：2007，2.1.11

解释

在国际单位制（SI）中，米每秒（m/s）、厘米每秒（cm/s）是速度的导出单位。

87 制外测量单位 off-system measurement unit

定义

不属于给定单位制的测量单位。

来源

ISO/IEC Guide 99：2007，2.1.15

解释

简称制外单位（off-system unit）。例如，日、时、分是时间的 SI 制外测量单位；"节"（1 海里每小时）是 SI 制外的速度单位；千米每小时（km/h）也是 SI 制外的速度单位，但被采纳与 SI 单位一起使用。

88 国际单位制 International System of Unit（SI）

定义

由国际计量大会（CGPM）批准采用的基于国际量制的单位制，包括单位名称和符号、词头名称和符号及其使用规则。

来源

ISO/IEC Guide 99：2007，2.1.16

解释

单位制（system of unit）是对于给定量制，根据给定规则定义的一组基本单位、导出单位及其倍数单位和分数单位。国际单位制建立在 ISQ 的 7 个基本量的基础上，基本量和相应基本单位的名称及符号，见表 2。

表 2　国际单位制的基本单位

基本量	基本单位	
名称	名称	符号
长度	米	m
质量	千克（公斤）	kg
时间	秒	s
电流	安［培］	A
热力学温度	开［尔文］	K
物质的量	摩［尔］	mol
发光强度	坎［德拉］	cd

倍数单位和分数单位的 SI 词头见表 3。

表 3　国际单位制的倍数单位和分数单位的 SI 词头

因子	词头	
	名称	符号
10^{24}	尧［它］	Y
10^{21}	泽［它］	Z
10^{18}	艾［可萨］	E
10^{15}	拍［它］	P

续表

因子	词头	
	名称	符号
10^{12}	太［拉］	T
10^{9}	吉［咖］	G
10^{6}	兆	M
10^{3}	千	k
10^{2}	百	h
10^{1}	十	da
10^{-1}	分	d
10^{-2}	厘	c
10^{-3}	毫	m
10^{-6}	微	μ
10^{-9}	纳［诺］	n
10^{-12}	皮［可］	p
10^{-15}	飞［母托］	f
10^{-18}	阿［托］	a
10^{-21}	仄［普托］	z
10^{-24}	幺［科托］	y

量和单位的书写规则包括：

（1）量的符号必须用斜体。例如，长度的符号 l（L），面积的符号 A，力的符号 F，质量的符号 m，压力的符号 p 等。

（2）表示物理量符号的下标用斜体，如质量流量 Q_m；其他下标（通用的量、国家法定计量单位符号、化学元素符号和数字）用正体，如物体 B 的质量 m_B，又如标准加速度 g_n，下标 n 表示"标准"，用正体。

（3）使用复合下标时，为清晰起见，下标的各部分应分开一个字符，尽量避免使用逗号，例如，$R_{m\,max}$ 表示磁阻的最大值。

（4）单位符号一律应用正体。

（5）来源于人名的单位符号第一个字母应大写［如牛顿（N）、帕斯卡（Pa）、安培（A）、伏特（V）、瓦特（W）］，非来源于人名字的单位符号用小写字母［如 m（米）、g（克）、h（时）、min（分）、s（秒）等］。但是容积"升"的符号 L 除外，应该大写，但也有用 ml。

（6）表示倍数的词头符号，其字母当其所表示的因数小于 10^6 时，用小写体，如 kN、km、hm、kV、kW），大于或等于 10^6 时必须用大写体（如 MPa、MW）。

（7）由两个以上单位相除所构成的组合单位，其符号有以下三种形式：m^3/s；$m^3 \cdot s^{-1}$；m^3s^{-1}。

（8）当分母中包含两个以上单位符号时，应整个分母加圆括号，如侵蚀模数的单位符号应为 $t/(km^2 \cdot a)$ 而不是 $t/km^2 \cdot a$。

（9）在一个组合单位的符号中，除加括号避免混淆外，斜线不得多于一条。例如，单宽流量的单位符号是 $m^3/(s \cdot m)$，或 m^2/s；为了表示概念，可写作 $(m^3/s)/m$，但不可以写作 $m^3/s/m$。

（10）不应同时使用英文单位符号和中文符号，如速度单位应写作 km/h，不应写作 km/ 小时。

（九）有关确定和认定的术语

89　确定　determination
定义

查明一个或多个特性及特性值的活动。

来源

ISO 9000：2015，3.11.1

解释

"确定"活动是一个通用的定义，包括评审、监视、测量、检验、试验、检测等。"确定"和"认定"（confirmation）的关系：确定是获得特性（评审、监视、测量、检验、试验、检测等的结果）的过程，认定是利用特性的过程，"确定"获得的结果可以用于"认定"，认定活动包括验证（verification）和确认（validation）。

在一些领域，determination 常翻译为"测定"。

90　评审　review
定义

对客体实现所规定目标的适宜性、充分性或有效性的确定。

来源

ISO 9000：2015，3.11.2

解释

评审有管理评审、设计和开发评审、顾客要求评审、纠正措施评审和同行评审。评审也可包括确定效率。review 和 assessment 在一些标准中均被翻译为"评审"（见本书术语 71），应注意其区别。

91　验证　verification
定义

通过提供客观证据对规定要求已得到满足的认定。

来源

ISO 9000：2015，3.8.12　ISO 15189：2012，3.27

解释

验证所需的客观证据可以是检验结果或其他形式的确定结果，如变换方法进行计算或文件评审。为验证所进行的活动有时被称为胜任证实过程。"已验证"一词用于表明相应的状态。

92 确认 validation

定义

通过提供客观证据对特定的预期用途或应用要求已得到满足的认定。

来源

ISO 9000：2015，3.8.13

解释

确认所需的客观证据可以是试验结果或其他形式的确定结果，如变换方法进行计算或文件评审。"已确认"一词用于表明相应的状态。确认所使用的条件可以是实际的或是模拟的。

确认和验证是两个易混淆的术语，在 ISO Guide 99：2007 中，验证（2.2.44）的定义是"提供客观证据证明给定项目满足规定的要求"；确认（2.2.45）的定义是"规定要求满足预期用途的验证"，用"验证"解释"确认"，表明"确认"是一种特定的验证活动，不是每个验证都是确认。验证和确认同属于"认定"（confirmation）活动。

确认是对（如一种检测方法）能不能用进行认定，而验证则是对是否有能力用（如一种可以用的检测方法）进行认定。两种活动用的技术手段可能相同，但目的不一样。例如，一个通常用于测量水中氨的质量浓度的测量程序，也可被"确认"为用于测量人体血清中氨的质量浓度；通过"验证"，可以证实实验室有能力运行该程序。

93 测量 measurement

定义

确定数值的过程。

来源

ISO 9000：2015，3.11.4

解释

ISO/IEC Guide 99：2007，2.2.1 的定义是"通过实验获得并可合理赋予某量一个或多个量值的过程"，该定义针对计量学，强调通过实验获得及确定某量的量值。ISO 9000 的定义针对质量管理，是更宽泛的定义。

测量的先决条件是对测量结果预期用途相适应的量的描述、测量程序，以及根据规定测量程序（包括测量条件）进行操作的经校准的测量系统。可见，ISO/IEC Guide 99 定义的测量是一个标准化的过程。

以前认为，测量意指量的比较或者实体的计数，测量不适用于标称（定名）特性。现在对此观念有争论，讨论是否拓展"测量"的概念，使其也包括 nominal/qualitative property values（标称/定性特性值）。目前遇到的问题是，如果维持"测量"的定义，则在计量学、测量概念下不包括标称/定性特性值，而在实践中，如化学、生物医学等领域却常用"qualitative measurement"的概念。针对标称/定性特性值，也有人建议使用"examination"和"exminand"，以对应针对定量特性值的术语"measurement"和"measurand"。

94 监视 monitoring
定义

确定体系、过程、产品、服务或活动的状态。

来源

ISO 9000：2015，3.11.3

解释

确定状态可能需要检查、监督或密切观察。通常，监视是在不同的阶段或不同的时间，对客体状态的确定。

95 试验 test
定义

按照要求对特定的预期用途或应用的确定。

来源

ISO 9000：2015，3.11.8

解释

试验是指一项包括具体过程要求的操作、一项或一组试验的结果，可用于确认的目的。

96 检测 testing
定义

按照程序确定合格评定对象的一个或多个特性的活动。

来源

ISO 17000：2004，4.2

解释

检测是指按照程序确定被检测物品的特性，可以是定比、定距、定序或定名等的特性。检测活动多在实验室开展，主要借助科学仪器和规定的程序获得测量结果，科技的发展使检测活动的自动化程度越来越高，人员操作的影响越来越小，检测系统的校准是关键环节。检测结果的跨时空可比性是其作为客观依据的价值所在，因此，检测机构需要通过比对、使用计量标准等途径证明检测/测量结果的质量。

限于人类的认知和技术能力，检测结果具有误差（鉴于误差实际不可获得，一般用测量不确定度表示结果的可能范围），在利用检测结果进行判定时，应考虑结果的不确定度。

97 检验 inspection
定义 1

对产品、过程、服务或安装的审查，或对其设计的审查，并确定其与特定要求的符合性，或在专业判断的基础上确定其与通用要求的符合性。

来源

ISO 17000：2004，4.2

定义 2

对符合规定要求的确定。

来源

ISO 9000：2015，3.11.7

解释

显示合格的检验结果可用于验证的目的。检验的结果可表明合格、不合格或合格的程度。检验以前被翻译为检查，是为检验对象是否符合规定标准的要求提供专业判断。检验机构最早起源于欧洲，当时的蒸汽锅炉等经常发生爆炸事故，为了减少事故而建立了锅炉检验制度并取得了良好的效果。检验的典型对象通常是直接涉及安全的综合性设施、产品等，如压力容器、管道、部件、电梯、游乐设施、建筑等，审查产品、过程、服务或安装，或审查其设计，并确定其符合特定要求或根据专业判断确定其符合通用要求，检验过程中也可能包括检测。检验报告要提供专业判断结果，这依赖于检验人员的专业判断能力。

在医学领域常用的"检验"一词对应的是 examination。

98 检验 examination
定义

以确定一个特性的值或特征为目的的一组操作。

来源

ISO 15189：2012，3.7

解释

VIM 5.13 的注 8：国际标准化组织/标准物质委员会（ISO/REMCO）有与 examination 的同义定义，其采用术语"测量过程（measurement process）"意指"检验（examination）"，它既包含了量的测量，也包含了标称特性的检验。examination 多用于生物、医学领域，相当于检测（testing），实验室检验也常称为试验（assays 或 tests）。在某些学科（如微生物学），一项检验是多项试验、观察或测量的总体活动。确定一个特性的值的实验室程序称为定量试验；确定一个特性的特征的实验室程序称为定性试验。

定性和定量试验是实际工作中惯用的一种分类。在统计学中，数据主要可分为定名（nominal）数据、定序（ordinal）数据、定距（interval）数据和定比（ratio）数据。定名数据表示个体在属性上的特征或类别上的不同，如 A 型血、B 型血或 ID 号码，没有序次关系。定序数据，数据的中间级，用数字表示个体在某个有序状态中所处的位置，例如，阴性 =1，阳性 =2，强阳性 =3，但数字之间的代数运算并无物理意义。定距数据是具有间距特征的变量，有单位，没有绝对零点（可以有零，但不代表没有），可以做加减运算，不能做乘除运算，如摄氏温度。定比数据，数据的最高级，既有测量单位，也有绝对零点，如红细胞的数量、身高等。等级高的数据，可以兼有等级低的数据的功能，而等级低的数据，不能兼有等级高的数据的功能。根据"量"的定义，定名和定序试验获得的所谓"数据"实际上并无"量"的特征，因此属于"定性试验"。

99 检验前过程 pre-examination processes（分析前阶段 pre-analytical phase）

定义

按时间顺序，检验前过程是自医生申请至分析检验启动的过程，包括检验申请、患者准备和识别、原始样本采集、运送和实验室内传递等。

来源

ISO 15189：2012，3.15

解释

检验前、检验、检验后过程是按检验过程的时间顺序人为划分的，目的是为了更好地进行过程要素的描述和控制。检验前过程通常不在实验室内完成，其对检验结果有明显影响，而这种影响不是测量过程带来的。

100 检验后过程 post-examination processes（分析后阶段 post-analytical phase）

定义

检验之后的过程，包括结果审核、临床材料保留和储存、样本（和废物）处置，以及检验结果的格式化、发布、报告和留存等。

来源

ISO 15189：2012，3.14

解释

检验后过程也涉及检验结果，例如，未审核出有问题的结果或报告。

101 计量认定 metrological confirmation
定义

为确保测量设备符合预期使用要求所需要的一组操作。

来源

ISO 9000：2015，3.5.6

解释

计量认定通常包括：校准或检定、各种必要的调整或维修及随后的再校准、与设备预期使用的计量要求相比较，以及所要求的封印和标签。只有测量设备已被证实适合于预期使用并形成文件，计量认定才算完成。预期使用要求包括：量程、分辨率和最大允许误差。计量要求通常与产品要求不同，并且不在产品要求中规定。

102 校准 calibration
定义

在规定条件下的一组操作，其第一步是确定由测量标准提供的量值与相应示值之间的关系，这里测量标准提供的量值与相应示值都有测量不确定度，第二步则是用此信息确定由示值获得测量结果的关系。

来源

ISO/IEC Guide 99：2007，2.2.39

解释

通常，只把上述定义中的第一步认为是校准。校准可以用文字说明、校准函数、校准图、校准曲线或校准表格的形式表示。某些情况下，可以包含示值的具有测量不确定度的修正值或修正因子。校准不应与测量系统的调整（常被错误称为"自校准"）相混淆，也不应与校准的验证相混淆。

（十）有关测量系统的术语

103 计量学 metrology
定义

测量及其应用的科学。

来源

　　ISO/IEC Guide 99：2007，2.2.2

解释

　　计量学涵盖测量的所有理论与实践的方面，也包括测量不确定度和测量应用领域。如果今后定义"测量"发生了变化（见"测量"的解释），则定义"计量学"也会随之变化。

104 被测量 measurand

定义

　　拟测量的量。

来源

　　ISO/IEC Guide 99：2007，2.2.3

解释

　　对被测量的说明要求了解量的类型，以及含有该量的现象、物体或物质状态的描述，包括任何有关成分及所涉及的化学实体。在 VIM 第二版和 IEC60050-300：2001 中，被测量定义为受到测量的量。在化学中，"分析物"或者物质或化合物的名称有时被习惯称为"被测量"，但这种用法是错误的，因为这些术语并不涉及量。

　　测量包括测量系统和实施测量的条件，可能会改变研究中的现象、物体或物质，使被测量的量可能不同于定义的被测量。在这种情况下，需要进行必要的修正。例如，钢棒在环境温度 23℃平衡时的长度与拟测量的规定温度 20℃时的长度不同，这种情况下应修正。

105 测量原理 measurement principle

定义

　　用作测量基础的现象。

来源

　　ISO/IEC Guide 99：2007，2.2.4

解释

　　现象可以是物理特性、化学特性或生物特性。例如，用于测量温度的热电效应；用于测量物质的量浓度的化学反应；用于测量胰岛素浓度的生物效应（血糖浓度下降现象）等。

106 测量方法 measurement method

定义

　　测量中所用操作逻辑次序的一般性描述。

来源

　　ISO/IEC Guide 99：2007，2.2.5

解释

　　测量方法可用不同方式表述，如替代测量法、动态测量法、直接测量法、间接测量法等。

107 测量程序　measurement procedure
定义

　　根据一种或多种测量原理及给定的测量方法，在测量模型和获得测量结果所需计算的基础上，对测量所做的详细描述。

来源

　　ISO/IEC Guide 99：2007，2.2.6

解释

　　测量程序通常要写成充分而详尽的文件，以便操作者能进行测量。测量程序可包括有关目标测量不确定度的声明。测量程序不等同于标准操作程序（SOP），SOP 的含义更广。

108 参考测量程序　reference measurement procedure
定义

　　在校准或表征参考物质时，为提供测量结果所采用的公认的测量程序，它适用于评定同类量由其他测量程序获得的测得值的测量正确度。

来源

　　ISO/IEC Guide 99：2007，2.2.7

解释

　　参考测量程序得到结果视为"参考值 / 标准值"，其作用相当于 RM，只是保存值、复现值的方式不同。根据计量学校准等级，可分为一级参考测量程序（primary reference measurement procedure）和二级参考测量程序（secondary reference measurement procedure）。

　　一级参考测量程序（ISO/IEC Guide 99：2007，2.2.8）是通过对测量条件等的规定和描述，定义被测量并获得参考量值，其赋值的校准品为一级校准品。一级参考测量程序通常由国际组织推荐。在 ISO/IEC Guide 99，2.2.8 中注明，国际计量局"物质的量咨询委员会-化学与生物计量（BIPM-CCQM）"用术语"一级测量方法"表示"一级参考测量程序"（中文也用"原级参考测量程序"），并给出了两个下位概念的术语——"直接一级参考测量程序"和"比例一级参考测量程序"的定义，其根据测量原理而分为直接方法和比例方法（ratio method）。

二级参考测量程序（ISO 18153：2003，4.2.2）是由一级校准品校准的参考测量程序，应保证被测量和一级参考测量程序定义的相同。为方便操作，二级参考测量程序通常自动化程度更高，但要求每个测量步骤的不确定度评定应清晰描述并可控，其赋值的校准品为二级校准品。二级参考测量程序可由参考测量实验室或厂家描述和实施。

109　测量结果　measurement result

定义

与其他有用的相关信息一起赋予被测量的一组量值。

来源

ISO/IEC Guide 99：2007，2.2.9

解释

在许多领域，测量结果可表示为单个测得值，完整的测量结果还应包含测量不确定度信息。测量结果是赋予被测量的值，可以是平均值、未修正的结果或已修正的结果等，此外，测量结果通常还包含这组量值的"相关信息"，以更客观表述结果的代表性、可靠性等。

110　测量准确度　measurement accuracy

定义

被测量的测得值与其真值间的一致程度。

来源

ISO/IEC Guide 99：2007，2.2.13

解释

简称准确度（accuracy），其不是一个量，也不给出数值。当测量给出较小的测量误差时，就说该测量更准确。准确度高意味着正确度和精密度均高。

111　测量正确度　measurement trueness

定义

无穷多次重复测量所得测得值的平均值与一个参考量值间的一致程度。

来源

ISO/IEC Guide 99：2007，2.2.14

解释

简称正确度（trueness），其不是一个量，不能用数值表示，但在 GB/T6379 中给出了一致程度的度量法。测量正确度与系统测量误差含义相反，不用来表示随机测量误差。

112 测量精密度 measurement precision

定义

在规定条件下，对同一或类似被测对象重复测量所得示值或测得值间的一致程度。

来源

ISO/IEC Guide 99：2007，2.2.15

解释

简称精密度（precision），通常用不精密度以数字形式表示，如在规定测量条件下的标准偏差、方差或变异系数。规定条件可以是诸如重复性测量条件、中间精密度测量条件或再现性测量条件（见 GB/T 6379.1—2004）。测量精密度用于定义测量重复性、中间测量精密度和测量再现性。

113 测量误差 measurement error，error of measurement

定义

测得的量值减去参考量值。

来源

ISO/IEC Guide 99：2007，2.2.16

解释

简称误差（error），测量误差因实际上不可获知，通常用其他的一些方式对其表征和估计，如精密度、不确定度、偏移、标准差等。测量误差的概念在以下两种情况均可使用：①当涉及存在单个参考量值，如用测得值的测量不确定度可忽略的测量标准进行校准，或约定量值给定时，测量误差是已知的；②假设被测量使用唯一的真值或范围可忽略的一组真值表征时，测量误差是未知的。

114 系统测量误差 systematic measurement error

定义

在重复测量中保持不变或按可预见方式变化的测量误差的分量。

来源

ISO/IEC Guide 99：2007，2.2.17

解释

简称系统误差（systematic error），系统测量误差的参考量值是真值，或是测量不确定度可忽略不计的测量标准的测得值，或是约定量值。系统测量误差及其来源可以是已知或未知的，对于已知的系统测量误差可采用修正补偿。系统测量误差等于测量误差减去随机测量误差。

115 测量偏移 measurement bias
定义

系统测量误差的估计值。

来源

ISO/IEC Guide 99：2007，2.2.18

解释

简称偏移（bias），也常被称为偏倚，可以用绝对值或相对值表示。可能时，应修正测量结果的系统测量误差。

116 随机测量误差 random measurement error
定义

在重复测量中按不可预见方式变化的测量误差的分量。

来源

ISO/IEC Guide 99：2007，2.2.19

解释

简称随机误差（random error），随机测量误差的参考量值是对同一被测量无穷多次重复测量得到的平均值。可以通过有限次的一组重复测量形成的分布估计随机测量误差。随机误差等于测量误差减去系统测量误差。

117 重复性测量条件 repeatability condition of measurement
定义

相同测量程序、相同操作者、相同测量系统、相同操作条件和相同地点，并在短时间内对同一或相类似的被测对象重复测量的一组测量条件。

来源

ISO/IEC Guide 99：2007，2.2.20

解释

简称重复性条件（repeatability condition），是只与一组特定可重复条件相关的测量条件。应注意重复性条件、中间精密度条件和复现性条件均难以严格定义，在不同的实验室其描述可能不同。此外，这些条件本身也处于动态之中。

118 测量重复性 measurement repeatability
定义

在一组重复性测量条件下的测量精密度。

来源

ISO/IEC Guide 99：2007，2.2.21

解释

简称重复性（repeatability），是用精密度表示的测量性能。同时见"中间测量精密度"和"测量复现性"。

119 中间精密度测量条件 intermediate precision condition of measurement

定义

除了相同测量程序、相同地点，以及在一个较长时间内对同一或相类似被测对象重复测量的一组测量条件外，还可包括涉及改变的其他条件。

来源

ISO/IEC Guide 99：2007，2.2.22

解释

简称中间精密度条件（intermediate precision condition），改变可包括新的校准、校准器、操作者和测量系统。对条件的说明应包括改变和未变的条件，以及实际改变到什么程度。同时见重复性条件和复现性条件。

120 中间测量精密度 intermediate measurement precision

定义

在一组中间精密度测量条件下的测量精密度。

来源

ISO/IEC Guide 99：2007，2.2.23

解释

简称中间精密度（intermediate precision），是用精密度表示的测量性能。同时见"测量重复性"和"测量复现性"。

121 复现性测量条件 reproducibility condition of measurement

定义

不同地点、不同操作者、不同测量系统，对同一或相类似被测对象重复测量的一组测量条件。

来源

ISO/IEC Guide 99：2007，2.2.24

解释

简称复现性条件（reproducibility condition），不同的测量系统可采用不同的测量程序。在给出复现性时应说明改变和未变的条件及实际改变到什么程度。同时见"重复性条件"和"中间精密度条件"。

122 测量复现性 measurement reproducibility

定义

在复现性测量条件下的测量精密度。

来源

ISO/IEC Guide 99：2007，2.2.25

解释

简称复现性（reproducibility）。重复性、中间精密度、复现性均属测量精密度，重复性和复现性是两个极端条件下的精密度。

123 测量不确定度 measurement uncertainty

定义

利用可获得的信息，表征赋予被测量量值分散性的非负参数。

来源

ISO/IEC Guide 99：2007，2.2.26

解释

如果不对不确定度（uncertainty）特别说明，一般认为是测量不确定度的简称。测量的目的是确定被测量的值，理想的情况是可以知道测量误差。由于测量过程和涉及的各相关因素（如人员、设备、材料、程序、环境等）实际上是处于动态之中或对于被测量并不完善，每次测量的误差会不同，确切的测量误差实际不可得，结果通常只是被测量值的近似值或估计值。测量结果的合理表征需要同时附有结果的分散性参数信息，即不确定度。不确定度表征了结果真值可能存在的范围，也是测量质量的反映。影响测量结果的潜在因素很多，不确定度不能完全可知，实际的做法是一般只评估与测量相关的、有显著意义的不确定度分量。

测量不确定度一般由若干分量组成，其中一些分量可根据一系列测量值的统计分布，按测量不确定度的 A 类评定进行评定，并可用标准偏差表征，而另一些分量则可根据经验或其他信息所获得的概率密度函数，按测量不确定度的 B 类评定进行评定，也可用标准偏差表征。

测量不确定度包括由系统影响引起的分量，如与修正量和测量标准所赋量值有关的分量及定义的不确定度等。不确定度是非负参数，有时对系统影响的估计值不进行修正，而是当成不确定度分量处理。

测量不确定度和测量误差是不同的概念，测量误差是基于存在一个真值理论而建立的，而测量不确定度是基于存在一组真值或真值不可获得的理论而建立的，不能互相替代。对于标准化的测量程序而言，其测量结果的目标不确定度是可预期的，也即统计学受控状态。测量不确定度是测量质量的客观反映。

124 计量溯源性 metrological traceability

定义

通过文件规定的不间断的校准链，将测量结果与参照对象联系起来的测量结果的特性，校准链中的每项校准均会引入测量不确定度。

来源

ISO/IEC Guide 99：2007，2.2.41

解释

定义中的参照对象可以是实际实现的测量单位的定义，或包括非序量测量单位的测量程序，或测量标准。计量溯源性要求建立校准等级序列。参照对象的技术规范必须包括在建立校准等级序列时所使用该参照对象的时间，以及关于该参照对象的任何计量信息，如在这个校准等级序列中进行第一次校准的时间。对于在测量模型中具有一个以上输入量的测量，每个输入量值本身应该是经过计量溯源的，并且校准等级序列可形成一个分支结构或网络。为每个输入量值建立计量溯源性所做的努力应与对测量结果的贡献相适应。

测量结果的计量溯源性不能保证其测量不确定度满足给定的目的，也不能保证不发生错误。如果两个测量标准比较是用于核查其中一个测量标准，必要时对其量值进行修正并给出测量不确定度，那么这种比较可视为一次校准。

国际实验室认可合作组织（ILAC）认为确认计量溯源性的要素包括：向国际测量标准或国家测量标准的不间断的计量溯源链、文件规定的测量不确定度、文件规定的测量程序、认可的技术能力、向 SI 的计量溯源性及校准间隔（见 ILACP-10：2002）。

简称"溯源性"有时是指"计量溯源性"，有时也用于其他概念，诸如"样品可追溯性"、"文件可追溯性"或"仪器可追溯性"等，其含义是指某项目的历程（"轨迹"）。因此，当有产生混淆的风险时，最好使用全称"计量溯源性"。

125 特性 characteristic

定义

可区分的特征。

来源

ISO 9000：2015，3.10.1

解释

特性可以是固有的或赋予的，可以是定性的或定量的。各种类别的特性举例：

（1）物理的（如硬度、长度）；

（2）化学的（如可燃性、还原性）；

（3）生物学（如性别、种属）；

（4）感官的（如嗅觉、触觉、味觉、视觉、听觉）；

（5）行为的（如诚实、正直）；

（6）时间的（如准时性、可靠性、可用性、连续性）；

（7）人类工效的（如生理的特性或有关人身安全的特性）；

（8）功能的（如飞机的最高速度）。

126 计量特性 metrological characteristic

定义

能影响测量结果的特性。

来源

ISO 9000：2015，3.10.1

解释

测量设备通常有若干个计量特性；计量特性可作为校准的对象。

127 修正 correction

定义

对估计的系统误差的补偿。

来源

ISO/IEC Guide 99：2007，2.2.53

解释

补偿可采用不同的形式，诸如加一个修正值或乘一个修正因子，或从修正值表或修正曲线上得到。

128 测量系统 measuring system

定义

一套组装的并适用于特定类型量在规定区间内给出测得值信息的一台或多台测量仪器，通常还包括其他装置，如试剂和电源。

来源

ISO/IEC Guide 99：2007，2.3.2

解释

一个测量系统可以仅包括一台测量仪器，也可以是一个系统，有些测量系统可以实现从样品采集到结果报告完全自动化。多参数、高通量、自动化、智能化、物联网技术等是测量仪器发展的重要方向，也为质控方案和质量保证技术带来了新的发展。

129 结果的自动选择和报告 automated selection and reporting of result

定义

结果的自动选择和报告过程，在此过程中，患者检验结果送至实验室信息系统并与实验室规定的接受标准比较，在规定标准内的结果自动输入到规定格式的患者报告中，无需任何外加干预。

来源

ISO 15189：2012，3.3

解释

在检测自动化的发展过程中，对传统的检测报告审核、发布机制等带来了新的挑战。

（十一）有关标准物质的术语

130 标准物质 / 参考物质 / 标准样品 referencematerial（RM）

定义

具有足够均匀和稳定的特定特性的物质，其特性适用于测量或标称特性检验中的预期用途。

来源

JJF1001-2011，8.14

解释

"标准物质（RM）"既包括具有量的物质，也包括具有标称特性的物质。标称特性的检验（examination，参见 ISO 15189：2012，3.7）提供标称特性值及其不确定度，该不确定度不是测量不确定度。国际标准化组织 / 标准物质委员会（ISO/REMCO）有与 examination 的同义定义，其采用术语"测量过程"意指"检验（examination）"，它既包含了量的测量，也包含了标称特性的检验。赋予或未赋予量值的"标准物质"都可用于测量精密度控制，只有赋予量值的标准物质才可用于校准或测量正确度控制，应注意区分标准物质、质控品（物）、校准品（物），标准物质是大概念。RM 本身的含义是作为参照对象的物质或标准。

例 1　具有量的标准物质：

（1）给出了纯度的水，其动力学黏度用于校准黏度计；

（2）含胆固醇但没有对其物质的量浓度赋值的人血清，仅用作测量精密度控制；

（3）阐明了所含二噁英的质量分数的鱼组织样品，用作校准物。

例 2　具有标称特性的标准物质：

（1）一种或多种指定颜色的色图；

（2）含有特定的核酸序列的 DNA 化合物；

（3）含 19- 雄（甾）烯二酮（19-androstenedione）的尿（定性）。

标准物质有时与特制装置是一体化的，如安放在显微镜载玻片上尺寸一致的小球。有些标准物质的量值计量溯源到单位制外的某个测量单位，如疫苗等物质的量值溯源到由世界卫生组织指定的国际单位（IU）。在某个特定测量中，所给定的标准物质只能用于校准或质量保证两者中的一种用途，也即不能同时用于校准和精密度等的控制。对标准物质的说明应包括该物质的追溯性，指明其来源和加工过程。

131 有证标准物质 / 有证参考物质 certified reference material（CRM）

定义

附有由权威机构发布的文件，提供使用有效程序获得的具有不确定度和溯源性的一个或多个特性值的标准物质。

来源

JJF1001-2011，8.15

解释

"有证标准物质"的特定量值要求具计量溯源性和附有相关联的测量不确定度，例如，在所附文件（CRM 的说明文件应体现为证书的形式）中，给出胆固醇浓度赋值及其测量不确定度的人血清 RM，用于校准或测量正确度控制的物质。参考物质的证书由 RM 生产者负责发布是国际通行的做法，但根据一些国家、地区或管理部门的政策法规，某些特定领域的 CRM 可能还需要登记以获得相应的批准号等程序。

本定义中的"不确定度"包含了测量不确定度和标称特性值的不确定度两个含义。"溯源性"包含了量值的计量溯源性和标称特性值的溯源性，可参见 ISO/REMCO 的定义，此处"计量"既适用于量也适用于标称特性。

RM 和 CRM 的生产要求见表 4。

表 4　RM 和 CRM 的生产要求

生产要求的项目	RM	CRM
生产策划	要求	要求
生产控制	要求	要求
材料的处置和储存	要求	要求
材料加工	要求	要求
测量程序	要求	要求
测量设备	要求	要求
数据完整性及评价	要求	要求
标准值的计量溯源性	不要求	要求

续表

生产要求的项目	RM	CRM
均匀性评估	要求	要求
稳定性评估	要求	要求
定值	要求，当需要赋值时	要求
特性值的赋予	要求，当需要赋值时	要求
特性值不确定度的赋予	不要求	要求
RM 文件化 / 证书及标签	要求	要求
分发服务	要求	要求
记录的控制	要求	要求

132 基体标准物质 matrix reference material
定义

具有实际样品特性的标准物质。

来源

ISO Guide 30：2015，2.1.4

解释

基体标准物质可以有效减少基体效应。基体标准物质可直接从生物、环境或工业来源得到，也可通过将所关心的成分添加至既有物质中制得，如土壤、饮用水、金属合金、血液等基体的标准物质。溶解在纯溶剂中的化学物质不是基体物质。

133 测量标准 measurement standard，etalon
定义

具有确定的量值和相关联的测量不确定度，实现给定量定义的参照对象。

来源

ISO/IEC Guide 99：2007，2.5.1

解释

测量标准仅包含定量的测量标准，其目的是用作量值定义的实现 / 复现的参照对象。因此，其应用于国际或国家计量体系的量值溯源，通常可分为国际测量标准和国家测量标准。依据定义，测量标准应由国际协议签约方承认或经国家权威机构承认。

测量标准与 RM 在范围上有交叉，CRM 可以是测量标准，比如对 10 种不同蛋白质中每种的质量浓度提供具有测量不确定度的量值的有证参考物质（参见 ISO/IEC Guide 99：2007，2.5.1）。RM 的用途主要是作为应用检测的参照物，其特性适用于测量或标称特性检验中的预期用途,如校准、测量正确度控制、精密度控制、定性特征的参照等,是一个更宽泛的概念。

134 原级测量标准 / 基准测量标准 primary measurement standard
定义

在特定范围内,其特性值在不参考相同特性或量的其他标准的情况下被采纳,被指定或广泛公认具有最高计量学品质的测量标准。

来源

ISO Guide 30:2015,2.1.5

解释

ISO/IEC 指南 99:2007,2.5.4 中"原级测量标准"的定义是"使用一级(primary)参考测量程序或约定选用的一种人造物品建立的测量标准",该定义描述的是原级测量标准的建立途径,而 ISO Guide 30:2015,2.1.5 描述的是原级测量标准的计量学等级。

135 次级测量标准 secondary measurement standard
定义

通过与相同特性或量的原级测量标准比对而被赋予特性值的测量标准。

来源

ISO Guide 30:2015,2.1.6

解释

次级测量标准与原级测量标准之间的这种关系可通过直接校准得到,也可通过一个经原级测量标准校准过的测量系统对次级测量标准赋予测量结果。通过比例法(一级参考测量程序)给出其量值的测量标准是次级测量标准,例如,电阻的测量,利用电阻、电压的比例关系,可以通过测量电压而获得。

136 国际测量标准 international measurement standard
定义

由国际协议签约方承认并旨在世界范围使用的测量标准。

来源

JJF1001-2011,8.2

解释

例如,以下测量标准属于国际测量标准:

(1)国际千克原器。

(2)绒(毛)膜促性腺激素,世界卫生组织(WHO)第 4 国际标准 1999,75/589,每安瓿 650IU。

（3）VSMOW2（维也纳标准平均海水），由国际原子能机构（IAEA）为不同种稳定同位素物质的量比例测量而发布。

国家测量标准（national measurement standard）是指经国家权威机构承认，在一个国家或经济体内作为同类量的其他测量标准定值依据的测量标准（参见 JJF 1001-2011，8.3，VIM：2008，5.3）。

137 校准物 calibrant
定义

用于设备或测量程序校准的标准物质。

来源

ISO Guide 30：2015，2.1.21

解释

ISO/IEC Guide 99：2007，2.5.12 有定义"calibrator"：校准器，用于校准的测量标准，但仅用于某些领域。根据定义，"calibrator"是"测量标准"的一种类型，"calibrant"是 RM 的一种类型。

138 质量控制物质 / 质量控制样品 quality control material
定义

用于测量质量控制的标准物质。

来源

ISO Guide 30：2015，2.1.22

解释

质量控制物质简称"质控物"，属于 RM 的一种类型，用于质量控制。质控物可不具有计量溯源性和测量不确定度，但必须具有满足预期用途的均匀性和稳定性。

质控物的用途包括（但不限于）：

（1）QC 图制作，展示实验室内测量过程控制，或确认实验室质量控制过程的有效性，或在一定周期内证明测量过程控制。

（2）结果比较（例如，当测量过程有变化时，比较两个或多个相关样品系列、短期或长期结果的变化）。

（3）方法研究，建立一致性（确认有效性应该使用有证标准样品）。

（4）仪器一致性检查。

（5）重复性和再现性研究。

（6）通过在较长的时间周期内，在仪器、操作人员等不同条件下反复使用质控物，评价测量过程或实验室的长期再现性和稳定性。

（7）作为核查样，例如，确认两个或多个实验室（如提供者和用户）测量结果的等效程度，此处，样品应该很稳定。

（8）操作人员的变动性监测。

（9）环境条件（如温度、湿度）影响变化监测。

139（标准物质的）特性值 property value（of a reference material）
定义

与标准物质的物理、化学或生物特性量有关的值。

来源

ISO Guide 30：2015，2.2.1

解释

即通常所说的定量特征。注意与定性特征的数字化表征的区别。

140（标准物质的）特性属性 property attribute（of a reference material）
定义

表示标准物质物理、化学或生物相应定性特性的值或非数字描述。

来源

ISO Guide 30：2015，2.2.2

解释

JJF 1001-2011 和 ISO/IEC Guide 99：2007 中采用标称特性（nominal property）表示现象、物体或物质的不具有大小的特性。

141（标准物质的）定值 characterization（of a reference material）
定义

作为研制（生产）程序的一部分，确定标准物质特性值或属性的过程。

来源

ISO Guide 30：2015，2.1.10

解释

定值是 RM 生产过程中的必要程序，即确定 RM 的特性值，包括定量或定性的特性值。定值包括但不限于下述方式：

（1）在单个实验室中采用单一参考测量程序。

（2）在一个或多个有能力的实验室采用两种或两种以上可证明准确度的方法对不是由测量程序定义的被测量进行定值。

（3）采用有能力的多家实验室对由测量程序定义的被测量进行定值。

（4）由一个实验室采用单一测量程序，将值由一种 RM 传递给另一种与之相似的候选 RM。

（5）基于 RM 制备中所用组分的质量或体积进行定值。

142 赋值 value assignment

定义

整合定值获得的（标准物质）特性值或属性，并在标准物质附带文件中表示的过程。

来源

ISO Guide 30：2015，2.1.11

解释

RM生产者可以分包RM的制备、定值活动，但不能分包RM的赋值、认定、证书/文件的发布工作。ISO Guide 35给出了赋值的有效方式。所谓赋值，就是整理分析定值获得的RM特性值或属性的数据，用科学的方法（如统计学方法）赋予RM一个或多个合理的特性值，需要时也包括不确定度。应将赋值的程序文件化，至少包括：①实验设计的细节与所采用的各项统计技术；②异常结果（包括离群值）的处理和调查策略；③当采用不同测量不确定度的各种方法或不同实验室时，对所赋予特性值的贡献是否采用加权技术；④确定特性值不确定度所采用的方法；⑤任何其他可能影响特性值赋予的重要因素。

不应单纯按照统计学的依据剔除离群值。一个明显的离群值有可能是数据组中唯一的技术有效的结果。适当时，可采用稳健统计法。

RMP应识别标准值所赋予的不确定度中包含的不确定度贡献分量。RM不确定度的评定，至少应考虑的不确定度贡献分量包括：①定值，包括定值所采用的多个程序间的任何差异；②单元间与单元内的不均匀性；③储存期间特性值的变化；④运输期间特性值的变化；⑤其他，如在使用或重复取样时特性值的变化等。

143 认定值 certified value

定义

赋予标准物质特性的值，该值附带不确定度及计量溯源性的描述，并在标准物质证书中陈述。

来源

ISO Guide 30：2015，2.2.3

解释

认定值即经过赋值程序，最终认定的RM的特性值，将体现在RM证书/文件上。

144 均匀性 homogeneity

定义

标准物质各指定部分中某个特定特性值的一致性。

来源

ISO Guide 30：2015，2.1.12

解释

均匀性主要指"单元内均匀性（within-unithomogeneity）"（ISO Guide 30：2015，2.1.14）和"单元间均匀性（between-unithomogeneity）"（ISO Guide 30：2015，2.1.13）。前者指特定特性值在标准物质每一单元内的一致性；后者指特定特性值在标准物质单元间的一致性，"单元间均匀性"适用于任何包装类型（如小瓶）、其他物理形状及测试件。应评估 RM 的均匀性，以确保与目的相符。均匀性应量化为对 RM 特性值的不确定度贡献，或能证明该分量可以忽略不计。

145 稳定性 stability

定义

在指定条件下储存时，标准物质在规定时间内保持特定特性值在一定限度内的特性。

来源

ISO Guide 30：2015，2.1.15

解释

稳定性主要指"运输稳定性（transportation stability）"（ISO Guide 30：2015，2.1.1）和"长期稳定性（long-term stability）"（ISO Guide 30：2015，2.1.17）。前者指标准物质特性在运输至标准物质用户的条件和时间段下的稳定性，曾常被称为"短期稳定性"；后者指标准物质特性随时间延续的稳定性。应评估 RM 的稳定性，以确保与目的相符。稳定性应量化为对 RM 特性值的不确定度贡献，或能证明该分量可以忽略不计。影响 RM 稳定性的因素很多，应建立系统的长期监测方案。

146 互换性 commutability

定义

标准物质的特性。采用不同的测量程序，分别得到标准物质测量结果之间的数学关系和预期测量的代表性样品测量结果之间的数学关系，数学关系的等效性用于证明该特性。

来源

ISO Guide 30：2015，2.1.20

解释

该定义采自 CLSIEP30-A *Characterizationand Qualification of Commutable Reference Materials*。在一些领域里，互换性又称为互通性。

生物样本测量领域应用的 RM 的互换性特别受关注。生物样本的被测量（被分析物）和基体均比较复杂，加之 RM 的制备过程和对稳定性、均匀性的考虑，均会导致 RM 和新鲜标本之间的差异。不同检测系统虽然声称具备计量学溯源性，但在 RM 和新鲜样本间、在各系统之间的互换性需要评估后才能确定。

147 基体效应 matrix effect

定义

除被测量以外，样品特性对特定测量程序测定被测量及其量值的影响。

来源

ISO 17511：2003，3.15

解释

某个基体效应的明确原因即为一个影响量。因被分析物的变性或加入非真实组分（代用品）以模拟被分析物等对结果的影响不属于基体效应。

148 生物计量 biometrology

定义

以生物测量理论、测量标准（计量标准）与生物测量技术为主体，实现生物物质的测量特性量值在国家和国际范围内的准确一致，保证测量结果最终可溯源到国际 SI 单位、法定计量单位或国际公认单位。

来源

JJF 1265-2010，3.1

解释

生物计量主要涉及生物样本和生物特性量值的测量。涉及的生物源性分析物通常包括酶、蛋白质、核酸、抗体、抗原、生物活性成分、代谢物、生物毒素、微生物、细胞等，被测量的特性量值包括含量、序列、活性、结构、分型、定名等。不同于化学、物理材料，生物材料具有不稳定性、成分复杂等特征，因此，生物计量体系的量与测量单位的确定更多依赖于约定单位或参考测量程序，参考测量体系的建立需要参考测量程序、RM 和参考测量实验室。

149 生物标准物质 biological reference material（BRM）

定义

具有一种或多种足够均匀并很好确定了含量、序列、活性、结构或分型等生物测量特性（量）值，用以校准仪器、评价生物测量方法或给生物测量材料赋值的物质。

来源

JJF 1265-2010，3.7

解释

这是一个由 RM 衍生的定义，目前尚没有所谓化学 RM 或物理 RM 的定义。RM 的定义明确，内涵与外延适用于广泛的需求，包括生物、化学、物理等测量领域。RM 的用途与被赋值、基质、计量学等级、测量方法等相关。

三、统计学术语

（十二）一般统计学术语

150 统计方法 statistical method
定义

收集、分析和解释带随机性波动数据的方法。

来源

GB/T 3358.2—2009，2.1.3

解释

本术语中的数据是指数字型或非数字型的事实或信息。

151 总体 population
定义

所考虑对象的全体。

来源

GB/T 3358.1—2009，1.1

解释

总体可是真实的、虚构的，有限的、无限的。从概率的角度，总体在一定意义上可看成是样本空间。

对于虚构的总体，允许人们想象在不同假定条件下的数据所具有的属性。因此，虚构总体在统计研究的设计阶段，特别是确定适宜样本量时非常有用。虚构总体所含对象数目可以是有限的，也可以是无限的。

示例：若有三个村庄被选中进行健康研究，总体即由这三个村庄的全体居民构成；若这三个村庄是从某个特定区域中的所有村庄中随机抽选出来的，则总体由该区域中的所有居民构成。

152 抽样单元 sampling unit
定义

总体划分成若干部分中的每一部分。

来源

GB/T 3358.1—2009，1.2

解释

抽样单元依赖于具体问题中所感兴趣的最小部分。抽样单元可以是一个人、一个家庭、一个学校或一个行政单位等。

153 样本 sample

定义

由一个或者多个抽样单元组成的总体的子集。

来源

GB/T 3358.1—2009，1.3

解释

根据所研究总体的情况，样本中的每个单元可是真实或抽象的个体，也可是具体的数值。样本的抽选有许多不同的方法，随机的和非随机的。在许多领域中，有时需要使用有倾向性的抽样（如在人类遗传学领域，通过异常孩子来发现有此类遗传倾向的家庭）来收集数据，所得的也是一个样本。在调查抽样中，经常使用与某已知变量大小成比例的概率抽选抽样单元以获得有倾向性的样本。

样本既可指构成抽样单元的具体物品、散料、服务等，也可指这些抽样单元（或单位产品/个体）的某个特性值。样本中的每个抽样单元（或单位产品/个体）也称为"样品"。

154 随机样本 random sample

定义

由随机抽取的方法获得的样本。

来源

GB/T 3358.1—2009，1.6

解释

简单随机样本是指（有限总体）给定样本量的每个子集都有相等的被抽选概率的随机样本。

当从有限样本空间中抽取 n 个抽样单元组成样本时，n 个抽样单元的任意一种组合都会以特定的概率被抽中。对于调查抽样方案而言，每一种可能组合被抽中的概率可事先计算。

对有限样本空间的调查抽样，随机样本可以通过不同的抽样方法得到，如分层随机抽样、随机起点的系统抽样、整群抽样、与辅助变量的大小成比例的概率抽样，以及其他可能的抽样。一般认为，只有在给定的总体中所研究样本的特性是均匀的时候才用简单随机抽样的方法。例如，研究一个人群的血红蛋白的生物参考区间，由于性别、年龄、营养状态等对血红蛋白影响较大，就不能直接用简单随机样本代表总体，而应根据研究目的，采用分层（性别、年龄）或辅助变量（营养状态）等方式抽样。

在统计学中，本定义也指实际观测值。这些观测值被认为是随机变量的实现，其中每个观测值都对应于一个随机变量。当由随机样本构造估计量、统计检验的检验统计量或置信区间时，本定义是指从样本中的抽象个体得到的随机变量而不是这些随机变量的实际观测值。无限总体中的随机样本一般是从样本空间中重复抽取产生的。

抽样是进行统计学分析的基础。在实际工作中，由于各种原因，可获得样本的随机性并不能完全保证，此时，需要在评估的基础上进行修正，或谨慎解释和利用从该样本获得的信息。

155　观测值　observed value

定义

由样本中每个单元获得的相关特性的值。

来源

GB/T 3358.1—2009，1.4

解释

观测值是指函数（统计量）中的随机变量的值，常用的同义词是样本值，或（随机量的）"实现"和"数据"，可以理解为总体样本中单个样本的值。观测值分析的初始阶段通常称为数据分析。观测值的图形、数值或其他概括性描述称为描述性统计量。

156　描述性统计量　descriptive statistics

定义

观测值的图形、数值或其他概括性描述。

来源

GB/T 3358.1—2009，1.5

解释

数值描述包括样本均值、样本极差、样本标准差等。图形描述包括饼图、直方图、正态分位图、散点图、多元散点图和茎叶图等。

157　统计量　statistic

定义

由随机变量完全确定的函数。

来源

GB/T 3358.1—2009，1.8

解释

统计量是随机样本中随机变量的函数，统计量中不包括未知的参数。在实际工作中，我们从总体中抽取的样本的信息是分散的，并不能直接对总体的特征进行描述或推断，需要针对不同的研究目的，把分散的信息集中起来构造不同的样本函数，即统计量。

158 次序统计量 order statistic

定义

由随机样本中的随机变量的值，依非降次序排列所确定的统计量。

来源

GB/T 3358.1—2009，1.9

解释

次序统计量是一种很有用的统计量。示例：假设样本观测值为 9，13，7，6，13，7，19，6，10，7，则次序统计量的观测值为 6，6，7，7，7，9，10，13，13，19。次序统计量包括极差、中程数、中位数、四分位数等。

159 样本极差 sample range

定义

最大次序统计量与最小次序统计量的差。

来源

GB/T 3358.1—2009，1.10

解释

假设样本观测值为 9，13，7，6，13，7，19，6，10，7，则样本极差为 19−6=13。

160 中程数 mid-range

定义

最大和最小次序统计量的平均值。

来源

GB/T 3358.1—2009，1.11

解释

假设样本观测值为 9，13，7，6，13，7，19，6，10，7，中程数的观测值为（6+19）/2=12.5。

161 样本中位数 sample median

定义

若样本量 n 为奇数，则是第（$n+1$）/2 个次序统计量；若样本量 n 是偶数，则是第 $n/2$ 与第（$n/2$）+1 个次序统计量之和除以 2。

来源

GB/T 3358.1—2009，1.13

解释

假设样本观测值为 9，13，7，6，13，7，19，6，10，7，次序统计量的观测值为 6，6，7，7，7，9，10，13，13，19，此时样本量为 10（偶数），第 5 和第 6 个次序统计量分别为 7 和 9，其平均值为 8，8 可称为样本中位数的实现。如果次序统计量的观测值为 6，6，7，7，7，9，10，13，13，此时样本量为 9（奇数），则中位数是 7。中位数可以减少极端数据的影响。

162 样本均值 sample mean（平均数 average；算术平均值 arithmetic mean）

定义

随机样本中随机变量的和除以和中的项数。

来源

GB/T 3358.1—2009，1.15

解释

假设样本观测值为 9，13，7，6，13，7，19，6，10，7，则次序统计量的观测值为 6，6，7，7，7，9，10，13，13，19。观测值的和为 97，样本量为 10，样本均值为 9.7。

样本均值作为统计量，常用作总体均值的估计量。算术平均值是它的同义词。对样本量为 n 的随机样本 $\{X_1, X_2, \cdots, X_n\}$，样本均值为

$$\overline{X} = \frac{1}{n} \sum_{i=1}^{n} X_i$$

163 样本方差 sample variance

定义

随机样本中随机变量与样本均值差的平方和用和中项数减 1 除。

来源

GB/T 3358.1—2009，1.16

解释

方差的计算公式为

$$S^2 = \frac{1}{n-1} \sum_{i=1}^{n} (X_i - \overline{X})^2$$

164 样本标准差 sample standard deviation
定义

样本方差的非负平方根。

来源

GB/T 3358.1—2009，1.17

解释

样本标准差是分布离散程度的一个度量。数学表达为

$$S = \sqrt{S^2}$$

165 样本变异系数 sample coefficient of variation
定义

样本标准差除以非零样本均值的绝对值。

来源

GB/T 3358.1—2009，1.18

解释

变异系数常表示为百分数。

$$V_s = \frac{S}{\overline{X}}$$

166 样本协方差 sample covariance
定义

随机样本中两个随机变量对各自样本均值的离差的乘积之和被求和项数减1除。

来源

GB/T 3358.1—2009，1.22

解释

协方差表示两个随机变量的相关关系，计算公式：

$$\mathrm{Cov}\,(X,\ Y) = S_{XY} = \frac{\sum_{i=1}^{n} (X_i - \overline{X})(Y_i - \overline{Y})}{n-1}$$

示例：X，Y 的 10 次观测值如下表所示，X 的观测样本均值是 46.1，Y 的观测样本均值是 75.4，X 与 Y 的样本协方差等于：[（38-46.1）×（73-75.4）×（41-46.1）×（74-75.4）+…+（33-46.1）×（48-75.4）]/9=257.178

i	1	2	3	4	5	6	7	8	9	10
X	38	41	21	60	41	51	58	50	65	33
Y	73	74	43	107	65	73	99	72	100	48

方差是用来度量单个变量"自身变异"的大小，方差越大，该变量的变异越大；协方差是用来度量两个变量之间"协同变异"的大小，协方差的绝对值越大，两个变量相互影响越大，协方差为零时，认为两个变量是独立、互不影响的变量。

167 样本相关系数 sample correlation coefficient
定义
样本协方差用相应样本标准差的乘积来除。
来源
GB/T 3358.1—2009，1.23
解释
续上述（样本协方差）示例，X 的观测标准差为 12.945，Y 的观测标准差为 21.329，从而 X 和 Y 的观测样本相关系数为

$$\frac{257.118}{12.948 \times 21.329} = 0.9312$$

168 标准误差 standard error
定义
估计量的标准差。
来源
GB/T 3358.1—2009，1.24
解释
如果以样本均值作为总体均值的一个估计，且随机变量的标准差为 σ，则样本均值的标准误差为 $\sigma/\sqrt{n}$，其中 n 是样本中观测值的个数。标准误差的一个估计是 $S/\sqrt{n}$，而其中 S 是样本标准差。

169 置信区间 confidence interval
定义
参数 Θ 的区间估计 (T_0, T_1)，其中作为区间限的统计量 T_0，T_1，满足 $P[T_0 < \Theta < T_1] \geqslant 1-\alpha$。
来源
GB/T 3358.1—2009，1.28

解释

置信度反映了在同一条件下重复大量随机抽样中，置信区间包含参数真值的比例。置信系数 100（1-α）% 通常取 95% 或 99%。置信区间可以是单侧置信区间（one-sided confidence interval），即其中一个端点固定为 + ∞、- ∞ 或某个自然确定边界的置信区间。

170 估计量 estimator

定义

用于对参数（Θ）估计的统计量。

来源

GB/T 3358.1—2009，1.12

解释

例如，对于正态分布，样本均值 $\overline{X}$ 是总体均值 μ 的估计量。

171 区间估计 interval estimator

定义

由一个上限统计量和一个下限统计量所界定的区间。

来源

GB/T 3358.1—2009，1.25

解释

区间的一个端点可以是 + ∞、- ∞ 或是参数值的一个自然界限，如"0"是总体方差区间估计的一个自然下限。在此情形，区间是单侧的。区间估计可结合参数估计给出。区间估计通常是假定在重复抽样下，区间包含所估计的参数确定比例或其他某种概率意义下给出的。区间估计通常有三种：参数的置信区间、对未来观测的预测区间，以及分布被包含一个确定比例的统计容忍区间。

172 估计值 estimate

定义

估计量的观测值。

来源

GB/T 3358.1—2009，1.31

解释

估计值是从观测值中获得的数值。对于一个假定的概率分布中参数的估计，估计量是指为了估计参数的统计量，而估计值是在估计量中使用观测值的结果。有时在估计的前面加形容词"点"，强调估计结果是一个值。类似地，在估计的前面加形容词"区间"，即"区间估计"，强调估计结果是一个区间。

173 估计误差 error of estimation

定义

估计值与待估计的参数或总体特性值的差。

来源

GB/T 3358.1—2009，1.32

解释

总体特性值可以是参数的函数或某个与概率分布有关的量。估计误差可由抽样、测量的不确定性、数值修约或其他原因引起。事实上，估计误差表示实际工作者所关心性能的底线。确定估计误差的来源是质量改进努力的关键。

174 偏倚（偏移）bias

定义

估计误差的期望。

来源

GB/T 3358.1—2009，1.33

解释

注意区分和理解"偏移"和测量偏移（measurement bias，系统测量误差的估计值，ISO Guide 99：2007，2.2.20）的差异。期望是指随机变量的数学期望，它用随机变量的加权平均水平估计。例如，对于正态分布，样本均值$\overline{X}$是总体均值μ的估计量，随机变量x_i取值的平均水平$\overline{X}$越接近μ，偏移就越小。

175 无偏估计量 unbiased estimator

定义

偏倚为 0 的估计量。

来源

GB/T 3358.1—2009，1.34

解释

比如，一个由n个独立随机变量组成的随机样本，每个服从均值为μ、标准差为σ的正态分布。样本均值$\overline{X}$和样本方差S^2（$v=n-1$）分别是均值μ和方差σ^2的无偏估计量。

176 估计 estimation

定义

通过从总体抽取的随机样本，获得对该总体的一种统计表示的方法。

来源

GB/T 3358.1—2009，1.36

解释

统计表示通常是指在假定模型下，对参数或参数函数的估计。

177 极大似然估计 maximum likelihood estimation

定义

基于极大似然估计量进行的估计。

来源

GB/T 3358.1—2009，1.37

解释

极大似然估计是一种基于概率论的参数估计方法，如果已知某个随机样本满足某种概率分布，可利用若干次试验结果估计参数的大概值，也即在该种概率分布中，该参数能使这个样本出现的概率最大。比如，对正态分布，样本均值$\overline{X}$是参数μ的极大似然估计量；分母用n（而不是$n-1$）的样本方差是σ^2的极大似然估计量。求极大似然估计的一般步骤包括：由总体分布导出样本的联合概率函数（或联合密度）；把样本联合概率函数（或联合密度）中自变量看成已知常数，而把参数看成自变量，得到似然函数；求似然函数的最大值点（常转化为求对数似然函数的最大值点）；在最大值点的表达式中，用样本值代入就得参数的极大似然估计值。

178 假设 hypothesis

定义

关于总体的陈述。

来源

GB/T 3358.1—2009，1.40

解释

在推断统计方法中，包括参数估计法和假设检验法。假设检验法是事先对总体参数（均值、方差、比例等）或分布形式作出某种假设，然后利用样本信息来判断原假设是否成立。假设是对总体参数的数值所作的一种陈述，如假设某特点年龄人群的身高均值为 160cm。

179 原假设 null hypothesis

定义

用统计检验方法来检验的假设。

来源

GB/T 3358.1—2009，1.41

解释

原假设是待检验的假设，又称"零假设"，是研究者想收集证据予以拒绝的假设，总是假设 =、≤ 或 ≥，表示为 H_0。例如，假设某人群身高均值为 160cm，H_0：μ=160cm，而通过抽样等方式得到样本均值 $\overline{X}$ =150cm，需根据规定的显著性水平决定是否可以拒绝原假设 μ=160cm。抽样或测量误差越大，数据的判断效力就会越低。

180 备择假设 alternative hypothesis
定义

对从所有不属于原假设的可能容许概率分布中选择的一个集合或其子集的陈述。

来源

GB/T 3358.1—2009，1.42

解释

与原假设对立的假设，也称"研究假设"，是研究者想收集证据予以支持的假设，总是假设 ≠、< 或 >，表示为 H_1。例如，H_1：$\mu < 160cm$ 或 $\mu > 160cm$。

181 显著性水平 significance level
定义

〈统计检验〉原假设为真，而被拒绝的最大概率。

来源

GB/T 3358.1—2009，1.45

解释

是一个概率值，当原假设为真时，拒绝原假设的最大概率，用 α 表示，概率值是研究者事先设定的，常用的 α 值有 0.01 或 0.05。

182 第一类错误 type I error
定义

拒绝事实上为真的原假设的错误。

来源

GB/T 3358.1—2009，1.46

解释

在实际工作中也称为"假阴性"（去真错误），即其本来是真的，而被拒绝。要使犯第一类错误的概率为 0，只有不拒绝原假设，而不考虑证据如何，当然，这不符合统计目的。

183 第二类错误 type II error
定义

没有拒绝事实上不为真的原假设的错误。

来源

GB/T 3358.1—2009，1.47

解释

在实际工作中也称为"假阳性"（存伪错误），即其本来是假的，而未被拒绝。第二类错误通常是在样本量不够大而不足以揭示与原假设的偏离时发生。

用 α 和 β 分别表示发生第一类错误和第二类错误的概率（显著性水平），见表5。

表5 第一类错误和第二类错误的概率

决策	H₀ 检验	
	实际情况	
	H₀ 为真	H₀ 为假
不拒绝 H₀	正确决策（1−α）	第二类错误（β）
拒绝 H₀	第一类错误（α）	正确决策（1−β）

184 p 值 p-value
定义

在原假设为真时，获得检验统计量的观测值及更不支持原假设的其他值的概率。

来源

GB/T 3358.1—2009，1.49

解释

p 值越小，表明发生第一类错误的概率就越小，我们就有拒绝原假设的理由。一般，研究者需要根据实际问题事先设定显著性水平（α），当 p 值＜α 值时，就接受拒绝原假设。

185 检验功效 power of a test
定义

1 减去犯第二类错误的概率。

来源

GB/T 3358.1—2009，1.50

解释

在大多数有实际意义的情形中，增加样本量会增加检验的功效。换句话说，随着样本量的增加，减小了犯第二类错误的概率，当样本量变得足够大时，对每个对应原假设的备择假设，检验功效都接近于1。

186 频数 frequency
定义

给定类（组）中，特定事件发生的次数或观测值的个数。

来源

GB/T 3358.1—2009，1.59

解释

示例：某运动员 10 次打靶的成绩为 8，8，8，9，9，9，9，9，9，10，成绩为 9 的频数为 6。

187 频率 relative frequency
定义

用事件或者观测值发生的总数目除频数。

来源

GB/T 3358.1—2009，1.64

解释

示例：某运动员 10 次打靶的成绩为 8，8，8，9，9，9，9，9，9，10，成绩为 9 的频率为 0.6。

（十三）概率相关的术语

188 样本空间 sample space
定义

所有可能结果的集合。

来源

GB/T 3358.1—2009，2.1

解释

可理解为某总体分布中的所有可能的样本。例如，掷 6 面骰子，样本空间是出现 1，2，3，4，5，6 的基本事件所构成的。

189 独立事件 independent event
定义

其交的概率等于各自事件概率乘积的两个事件。

来源

GB/T 3358.1—2009，2.4

解释

即两个或多个事件可能同时发生或单独发生，但彼此之间互不影响各自的发生概率。

190 条件概率　conditional probability
定义

事件 A 与事件 B 交的概率除以事件 B 的概率。

来源

GB/T 3358.1—2009，2.6

解释

条件概率就是事件 A 在另外一个事件 B 已经发生条件下的发生概率。条件概率表示为 $P(A|B)$，读作"在 B 条件下 A 的概率"。示例：感冒患者 100 人，自然康复的 40 人；另 100 名感冒患者，吃某药后康复 60 人。吃药组的康复概率为 0.6，即吃药条件下的康复概率为 0.6。

191 ［随机变量 X 的］分布函数　distribution function [of a random variable X]
定义

随机变量 X 的取值落在 $[-\infty, x]$ 上这一事件发生的概率。

来源

GB/T 3358.1—2009，2.7

解释

随机变量 X 的分布函数是 x 的函数，它给出了随机变量 X 值小于或等于 x 这一事件的概率，即 $F(x)=P(X \leq x)$。因此，若已知 X 的分布函数，就可以知道 X 落在任一区间上的概率，在这个意义上说，分布函数完整地描述了随机变量的统计规律性。

192 一维概率分布　univariate probability distribution
定义

单个随机变量的概率分布。

来源

GB/T 3358.1—2009，2.16

解释

一维（概率）分布是关于单个随机变量的，故也称为单变量分布。二项分布、泊松分布、正态分布、伽玛分布、t 分布、威布尔分布及贝塔分布都是一维分布的例子。相关的术语概念参见 GB/T 3358 系列标准。

193 多维概率分布　multivariate probability distribution
定义

两个或两个以上随机变量的概率分布。

来源

　　GB/T 3358.1—2009，2.17

解释

　　若 X，Y 是两个定义在同一个样本空间上的随机变量，则称（X，Y）是二维随机变量，比如，研究 pH 和温度对酶活性的影响；同理，可定义 k 维随机变量（随机向量）。只有两个随机变量的概率分布，称为二维概率分布。多维概率分布有时也称为联合分布。多项分布、二维正态分布、多维正态分布的例子可参见 GB/T 3358 系列标准。

194 离散概率分布 discrete probability distribution
定义

　　样本空间是有限的或可列无限多的概率分布。

来源

　　GB/T 3358.1—2009，2.22

解释

　　若随机变量 X 取值 x_1，x_2，$\cdots$，x_n，且取这些值的概率依次为 p_1，p_2，$\cdots$，p_n，则称 X 为离散型随机变量。研究离散型随机变量概率分布，即寻找随机变量所有可能的取值及取每个值所对应的概率。设 x_k（$k=1$，2，$\cdots$，n）是离散型随机变量 X 所取的一切可能值，称 $P\{X=x_k\}=p_k$（$k=1$，2，$\cdots$，n）为离散型随机变量 X 的分布律，其分布函数为

$$F（x）=P（X \leqslant x）=\sum_{x_k \leqslant x} p_k$$

概率分布列：

X	x_1	x_2	$\cdots$	x_n	$\cdots$
p_k	p_1	p_2	$\cdots$	p_n	$\cdots$

　　离散分布的示例有多项分布、二项分布、泊松分布、超几何分布和负二项分布，离散分布的分布函数是间断的。更多的内容参见 GB/T 3358 系列标准。

195 连续概率分布 continuous probability distribution
定义

　　分布函数在 x 点的值可以被表示为一个非负函数从 $-\infty$ 到 x 的积分的概率分布。

来源

　　GB/T 3358.1—2009，2.23

解释

　　连续分布的例子有正态分布、标准正态分布、t 分布、F 分布、伽玛分布、卡方分布、指数分布、贝塔分布、均匀分布、威布尔分布及对数正态分布等。定

义中提到的非负函数是指概率密度函数。更多的内容参见 GB/T 3358 系列标准。

196 概率 [众数] 函数 probability[mass] fuction
定义

〈离散分布〉表示随机变量等于给定值的概率的函数。

来源

GB/T 3358.1—2009，2.24

解释

概率函数可表示为 $P(X=x_i)=p_i$，其中 X 是随机变量，x_i 是一个给定的值，p_i 是对应的概率。

示例：在掷三个均匀硬币中表示正面向上个数的随机变量 X 的概率函数为

$P(X=0)=1/8$

$P(X=1)=3/8$

$P(X=2)=3/8$

$P(X=3)=1/8$

197 概率密度函数 probability density function（PDF）
定义

从 ∞ 到 x 的积分给出一个连续分布在 x 处的分布函数值的非负函数。

来源

GB/T 3358.1—2009，2.26

解释

若对于随机变量 X 的分布函数 $F(x)$，存在非负函数 $f(x)$，使得对于任意实数 x，有 $F(x)=\int_{-\infty}^{x}f(t)\,\mathrm{d}t$，则称 X 为连续型随机变量，其中被积函数 $f(x)$ 称为 X 的概率密度函数（简称概率密度）。概率密度函数具有非负性 $[f(x)\geq0,\forall x\in(-\infty,+\infty)]$ 和规范性 $[\int_{-\infty}^{+\infty}f(x)\mathrm{d}x=1]$。随机变量 X 的概率密度函数 $f(x)$ 表示了 X 落在 x 点附近的概率大小。比如，在实践中经常遇到的连续分布——正态分布，其概率密度函数为

$$f(x)=\frac{1}{\sigma\sqrt{2\pi}}\mathrm{e}^{-\frac{(x-\mu)^2}{2\sigma^2}}$$

则 X 的取值几乎都落在以 μ 为中心、以 $\pm3\sigma$ 为半径的区间内；当 σ 值变大时，钟形曲线变扁，离散性变大。

198 自由度 degrees of freedom
定义

和的项数减去和中诸项数的约束数。

来源

GB/T 3358.1—2009，2.54

解释

当以样本的统计量来估计总体的参数时，样本中独立或能自由变化的自变量的个数，称为该统计量的自由度 v，$v=n-k$，k 为限制条件的个数。例如，在估计总体的平均数时，由于样本中的 n 个数都是相互独立的，从其中抽出任何一个数都不影响其他数据，所以其自由度为 n。在用样本方差估计总体的方差时，使用的是离差平方和，因为在均值确定后，如果知道了其中 $n-1$ 个数的值，第 n 个数的值也就确定了，均值就相当于一个约束数，此时自由度为 $n-1$。而总体方差 σ^2 是衡量所有数据对于中心位置（总体平均数 μ）平均差异的概念，表示离散程度，此时自由度是 n。

在回归方程中，如果共有 p 个参数需要估计，则其中包括了 $p-1$ 个自变量（与截距对应的自变量是常量 1），此时回归方程的自由度为 $p-1$。

199 分布 distribution

定义

〈特性〉关于特性概率行为的信息。

来源

GB/T 3358.2—2009，2.5.1

解释

特性的分布能够被表现出来。例如，给特性值排序，以计数图或直方图的形式绘出测量结果。这样的表示能够给出除了数据采集时次序以外的特性的所有数值信息。特性的分布依赖于当时的基本条件。因此，如果要得到关于特性分布有意义的信息，应当明确数据是在何种情况下被采集的。

200 分布类 class of distributions

定义

其成员有共同特征的特定分布族，分布族可通过该特征完全确定。

来源

GB/T 3358.2—2009，2.5.2

解释

示例 1：呈钟状对称的、包含均值和标准差的两参数正态分布；示例 2：包含位置、形状及尺度的三参数威布尔分布；示例 3：单峰连续分布。

201 正态分布 normal distribution，Gaussian distribution

定义

具有如下概率密度函数的连续分布，其中，$-\infty < x < \infty$，参数满足 $-\infty < \mu$

$<\infty$, $\sigma>0$

$$f(x) = \frac{1}{\sigma\sqrt{2\pi}}\mathrm{e}^{-\frac{(x-\mu)^2}{2\sigma^2}}$$

来源

GB/T 3358.1—2009, 2.50

解释

正态分布是应用统计中使用最广泛的概率分布之一，它的密度函数曲线根据其形状，常被称为"钟形曲线"。如果一个随机变量受到诸多因素的影响，但其中任何一个因素都不起决定性作用，则该随机变量一定服从或近似服从正态分布。正态分布不仅是描述随机现象的一种模型，也是平均数的极限分布。正态分布的位置参数 μ 是其均值，尺度参数 σ 是其标准差。

在正态分布中，随机变量 X 的取值几乎都落在以 μ 为中心，以 $\pm3\sigma$ 为半径的区间内（见下图），也即出现 $X-\mu>3\sigma$ 的情况是小概率事件；当 σ 值变大时，钟形曲线变扁，离散性变大。

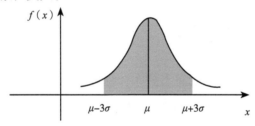

202 t 分布　t distribution；Student's distribution
定义

具有如下概率密度函数的连续分布，其中 $-\infty<t<\infty$，参数 v 是正整数，称为自由度。

$$f(t) = \frac{\Gamma[(v+1)/2]}{\sqrt{\pi v}\,\Gamma(v/2)} \times \left(1+\frac{t^2}{v}\right)^{-(v+1)/2}$$

来源

GB/T 3358.1—2009, 2.53

解释

在实际中，t 分布被广泛运用于当总体的标准差由样本数据（样本量为 n）估计的情况下，评估样本均值。将样本 t 统计量与自由度为 $n-1$ 的 t 分布比较，可衡量样本均值是否能很好地刻画总体均值。t 分布的概率密度函数如下图所示。

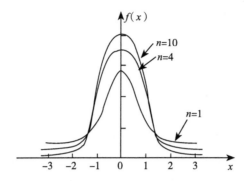

203 卡方分布　chi-squared distribution，χ^2 distribution

定义

　　具有以下概率密度函数的连续分布，其中 $x>0$，自由度 $v>0$。

$$f(x)=\frac{x^{\frac{v}{2}-1}e^{-x/2}}{2^{v/2}\Gamma(v/2)}$$

来源

　　GB/T 3358.1—2009，2.57

解释

　　对于来自已知标准差 σ 的正态分布，统计量 $\dfrac{(n-1)S^2}{\sigma^2}$ 服从自由度为 $n-1$ 的卡方分布，它是获得 σ^2 置信区间的基础。卡方分布的另一个重要应用是检验分布的拟合优度。χ^2 分布的概率密度函数如下图所示。

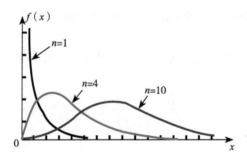

204 *F* 分布　*F* distribution

定义

　　具有如下概率密度函数的连续分布，其中，$X>0$，v_1 和 v_2 都是正整数，分别为第一自由度与第二自由度。

$$f(x)=\frac{\Gamma[(v_1+v_2)/2]}{\Gamma(v_1/2)\Gamma(v_2/2)}(v_1)^{v_1/2}(v_2)^{v_2/2}\frac{x^{(v_1/2)-1}}{(v_1x+v_2)^{(v_1+v_2)/2}}$$

来源

　　GB/T 3358.1，2.55

解释

　　F 分布在估计独立方差比时特别有用。F 分布是两个独立随机变量的比的分布：它们都服从 χ^2 分布，并且分别除以各自的自由度。F 分布的概率密度函数如下图所示。

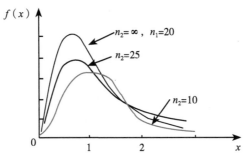

中 文 索 引

英 文 索 引

A

accreditation / 22

alternative hypothesis / 66

arithmetic mena / 60

assessment / 22

audit / 20

audit criteria / 21

audit findings / 22

audit plan / 21

audit programme / 21

audit scope / 21

automated selection and reporting of results / 46

average / 60

B

base quantity / 25

base unit / 28

bias / 64

biological reference material（BRM）/ 54

biometrology / 54

C

calibrant / 50

calibration / 36

capability / 11

certified value / 52

certified reference material（CRM）/ 47

characteristic / 44

characterization（of a reference material）/ 51

chi-squared distribution / 74

class of distributions / 72

clinical laboratory / 2

combined audit / 20

commutability / 53

complaint / 7

conditional probability / 69

confidence interval / 62

conformity assessment body（CAB）/ 23

continual improvement / 8

continuous probability distribution / 70

conventional reference scale / 27

correction / 12，45

corrective action / 12

customer / 6

customer satisfaction / 7

customer service / 7

D

data / 17

degrees of freedom / 71

derived quantity / 25

derived unit / 28

descriptive statistics / 58

determination / 31

deviation permit / 12

discrete probability distribution / 70

distribution / 72

distribution function [of a random variable X] / 69

document / 18

E

effectiveness / 17

efficiency / 17

error of estimation / 64

estimate / 63

estimation / 64

estimator / 63

examination / 34

F

F distribution / 74

frequency / 68

H

homogeneity / 52

hypothesis / 65

I

improvement / 7

independent event / 68

information / 18

information system / 18

inspection / 34

interested party（stakeholder）/ 1

intermediate measurement precision / 42

intermediate precision condition of
  measurement / 42

international measuremen tstandard / 49

International System of Quantities（ISQ）/ 25

International System of Units（SI）/ 29

J

interval estimator / 63

joint audit / 20

K

kind / 24

kind of quantity / 24

L

laboratory director / 3

laboratory management / 3

M

management / 8

management system / 3

matrixeffect / 54

matrix reference material / 48

maximum likelihood estimation / 65

measurand / 37

measurement / 32

measurement accuracy / 39

measurement bias / 41

measurement error, error of measurement / 40

measurement management system / 4

measurement method / 37

measurement precision / 40

measurement principle / 37

measurement procedure / 38

measurement repeatability / 41

measurement reproducibility / 43

measurement result / 39

measurement standard, etalon / 48

measurement trueness / 39

R

random measurement error / 41

random sample / 57

record / 19

reference measurement procedure / 38

referencematerial（RM）/ 46

referral laboratory / 2

relative frequency / 68

repeatability condition of measurement / 41

reproducibility condition of measurement / 42

requirement / 10

review / 31

risk / 16

S

sample / 57

sample coefficient of variation / 61

sample correlation coefficient / 62

sample covariance / 61

sample mean / 60

sample median / 60

sample range / 59

sample space / 68

sample standard deviation / 61

sample variance / 60

sampling unit / 56

secondary measurement standard / 49

service / 16

significance level / 66

specification / 19

stability / 53

standard error / 62

statistic / 58

statistical method / 56

statistical process control / 13

statistical process management / 14

strategy / 6

surveillance / 23

systematic measurement error / 40

T

t distribution；Student's distribution / 73

test / 33

testing / 33

traceability / 11

type Ⅰ error / 66

type Ⅱ error / 66

U

unbiased estimator / 64

univariate probability distribution / 69

V

validation / 32

value assignment / 52

verification / 31